U0948752

ESG 背景下煤电行业减污降碳协同增效研究

杨婧　著

中国环境出版集团 · 北京

图书在版编目（CIP）数据

ESG 背景下煤电行业减污降碳协同增效研究 / 杨婧著. -- 北京：中国环境出版集团， 2024. 12. -- ISBN 978-7-5111-6153-6

Ⅰ. TM621

中国国家版本馆 CIP 数据核字第 2024L94N46 号

责任编辑 曲　婷
封面设计 彭　杉

出版发行 中国环境出版集团
（100062　北京市东城区广渠门内大街 16 号）
网　　址：http://www.cesp.com.cn.
电子邮箱：bjgl@cesp.com.cn.
联系电话：010-67112765（编辑管理部）
010-67112736（第五分社）
发行热线：010-67125803，010-67113405（传真）
印　　刷 北京鑫益晖印刷有限公司
经　　销 各地新华书店
版　　次 2024 年 12 月第 1 版
印　　次 2024 年 12 月第 1 次印刷
开　　本 710 × 1000　1/16
印　　张 13
字　　数 240 千字
定　　价 60.00 元

前言
PREFACE

在全球“双碳”目标引领下，践行ESG（环境、社会和治理）理念并推动绿色低碳转型已成为企业责无旁贷的关键任务，ESG成为评估企业可持续发展能力的重要指标。我国能源消费结构中，煤炭等传统化石能源仍占据主导地位，尤其是煤电行业对煤炭的依赖性相当强。据统计，我国煤炭消费占能源消费总量远高于世界平均水平。这种高依赖度使得煤电火电行业在“双碳”能源转型过程中面临巨大压力。近年来，随着新能源发电的快速发展，我国电力能源结构正加速向多元化、绿色化转变。风电、光伏发电等新能源装机持续提速，成为我国新增装机的绝对主体，截至2024年2月底，我国煤电装机容量约为11.7亿kW（即117 GW），约占全国电力总装机容量的40%。随着工业化进程的加速（特别是大数据、人工智能等高算力需求的新产业爆发需要消耗大量电力），需要为经济发展提供稳定的电力保障，燃煤机组数量和装机容量依然逐年增加。煤电行业在发电过程中会产生多种污染物，主要包括二氧化硫（SO_2）、氮氧化物（NO_x）、烟尘以及温室气体（以CO_2为主）等。总体而言，煤电行业是我国能源消耗的三大领域之一，也是重要的碳排放源。2024年5月“全球能源监测”机构发布的报告显示，2023年我国新增燃煤发电装机容量合计70.2 GW，而全球其他国家和地区新建的燃煤发电装机容量合计3.7 GW，我国于2023年开工建设的燃煤发电装机容量约占全球增量的95%。

因此，煤电行业全面推行减污降碳协同增效（减污、降碳、增效三大目标进行一体化规划、协同推进），实现全生命周期的绿色、低碳和可持续发展，可助力国家“双碳”目标的达成。但当前研究尚缺乏对ESG背景下煤电行业如何有效推行减污降碳协同增效的系统研究和论述。

基于上述核心目标，本书主要围绕煤电行业如何实现减污降碳协同增效展开研究，本书内容分为 7 章：第 1 章绪论，第 2 章文献述评与行业现状及挑战，第 3 章现行法律法规及政策制度，第 4 章煤电行业减污降碳协同增效技术路径探索，第 5 章煤电行业协同增效机制与模式创新，第 6 章践行减污降碳实现 ESG 典型案例，第 7 章政策建议与保障措施。本书主要探讨了煤电行业在减污降碳方面的协同增效策略和实践案例。首先，提出了煤电行业减污降碳协同增效的内涵，强调了技术创新、结构优化、清洁运输与替代、政策引导与支持、社会共治与公众参与等关键要素。其次，分析了煤电行业减污降碳协同增效的技术路径。本书还进行了煤电行业减污降碳协同增效的经济性与可行性分析，探讨了生物质掺烧、绿氨掺烧、发电机组低碳绿色改造以及碳捕集、利用与封存（CCUS）等技术的经济成本和环境效益。再次，讨论了煤电行业协同增效机制与模式创新，包括减污与降碳的协同效应分析、技术创新的双重效益、结构优化的双重效果、政策驱动的双重作用等。最后，本书通过国能粤电台山发电有限公司、国能常州电厂及德国 Niederaussem 电厂的案例分析，展示了煤电行业在减污降碳方面的实践成果和经验。同时，提出了政策建议与保障措施，包括完善煤电行业环保与低碳发展政策体系、加大煤电行业监管和执法力度、提高煤电行业人员 ESG 意识与技能水平等，以推动煤电行业的绿色转型和可持续发展。

由于笔者水平有限，书中难免存在疏漏之处，敬请广大读者批评指正。

CONTENTS 目录

CHAPTER 1

第 1 章
绪 论

1.1 研究背景与研究意义

随着全球气候变化问题日益严峻，国际社会对温室气体排放的关注达到了前所未有的高度。在这种背景下，中国政府积极回应国际社会的呼吁，提出了“双碳”目标，即力争在2030年前实现碳达峰，2060年前实现碳中和。这一目标的提出，体现了我国政府对全球气候变化问题的高度责任感和积极态度。作为全球最大的能源消费国之一，我国在能源结构调整和绿色低碳转型方面均面临着巨大的挑战和压力。其中，煤电行业作为我国能源结构中的重要组成部分，是温室气体排放的主要来源之一，其减污降碳的进程直接关系到我国“双碳”目标的实现。因此，要实现这一目标，我国需要在包括煤电行业在内的多个领域的能源结构调整和低碳转型方面付出巨大的努力。

在环境、社会和治理（Environmental，Social and Governance，ESG）投资理念日益盛行的今天，企业不仅需要关注经济效益，更需要在环境保护、社会责任和良好治理方面作出表率。煤电行业作为传统高污染行业，在ESG方面的表现尤其关键。通过减污降碳协同增效，煤电行业内企业不仅可以改善环境质量，还能提升企业的社会形象和竞争力，实现可持续发展。

本书旨在探讨ESG背景下，煤电行业如何通过技术创新、管理优化和机制与模式创新等手段，实现减污降碳的协同增效。本书研究的意义在于为煤电行业提供一条绿色低碳转型的路径，为政府制定相关政策提供理论依据和实践指导，为投资者和公众提供决策参考，共同推动我国能源结构的优化升级和生态文明建设。

1.2 研究内容与研究目标

本书在研究过程中综合运用文献综述、案例分析、比较研究、实证分析等多种研究方法，以确保研究的科学性和实用性。本书将深入探讨和系统研究煤电行业减污降碳协同增效的各个方面，旨在为该行业提供全面、系统的理论框架和实践指导，从而实现环境保护与经济发展的协调统一。

本书首先从理论研究着手，全面分析我国煤电行业的环境、社会和治理现状，识别出该行业目前面临的主要问题和挑战，通过对国内外关于减污降碳技术研究，煤电行业法律法规、政策制度以及行业标准进行详细梳理，为煤电行业提供明确的政策导向，帮助其更好地应对环境与发展的双重压力。

本书详细分析国内外煤电行业的发展历程及现状，深入探讨其减污降碳协同增效的有效实施路径。重点关注技术革新、管理优化、能源结构调整等方面，以期找到最有效的解决方案。此外，本书还深入研究煤电行业协同增效机制与模式创新，并提出切实可行的方案，以期推动煤电行业的可持续发展。

为了更好地总结经验教训，本书通过国内外典型案例分析，总结煤电行业减污降碳的成功经验与教训。通过这些案例，提炼出具有借鉴意义的政策建议与保障措施，为政府和企业提供决策参考，帮助它们在未来的实践中更好地应对减污降碳的挑战。

总之，本书旨在通过多维度的研究方法和深入的分析，为煤电行业减污降碳协同增效提供全面的理论支持和实践指导，推动环境与经济的协调发展，为实现可持续发展目标作出贡献。

1.3 ESG 概念及其在煤电行业中的应用

随着全球气候变化的加剧和环境问题的日益突出，可持续发展已成为全球共识。各国政府、企业和社会组织正在不断探索如何在经济发展、环境保护和社会责任之间取得平衡。煤电行业作为全球碳排放的主要来源之一，面临着巨大的转型压力。在这一背景下，ESG 概念逐渐成为衡量企业可持续发展能力的重要标准，并在煤电行业的实践中越发重要。

1.3.1 ESG 概念

ESG 概念源于 20 世纪末的社会责任投资（Socially Responsible Investment，SRI）运动，该运动主张投资不仅要考虑经济回报，还要关注企业的社会和环境影响。随着全球对可持续发展的共识不断增加，ESG 逐渐成为投资者、监管机构和企业管理层关注的焦点。

2004 年，ESG 在全球范围内受到高度关注。联合国全球契约组织（UN Global Compact，UNGC）与 20 家金融机构联合发布了题为《关怀者胜》（*Who Cares Wins*）的倡议书，呼吁金融机构在投资和研究过程中，充分考虑上市公司在环境（E）、社会（S）和治理（G）方面的表现。该倡议书还提出了在这三大支柱下，投资者和分析师应重点关注的具体议题。环境维度关注企业如何管理自然资源及其对环境的影响，社会维度关注企业与员工、社区和消费者的关系，治理维度则评估企业管理结构、道德规范及法律合规性。ESG 的核心在于推动企业在追求经济利益的同时，承担更多的社会和环境责任，从而实现长远的发展目标。

1.3.2 ESG 在煤电行业的应用现状

1.3.2.1 电力行业 ESG 评价标准与框架

全球范围内存在多种 ESG 评估框架和标准，如“全球报告倡议”（GRI）、“可持续发展目标”（SDG）、“道琼斯可持续发展指数”（DJSI）等。这些框架为企业提供了具体的指标和指南。对于煤电行业，选择合适的 ESG 评估框架，能够更好地体现行业特性和企业实践。

摩根士丹利资本国际公司（Morgan Stanley Capital International，MSCI）是全球领先的投资研究和支持工具提供商之一，以其在 ESG 领域的评级和指数而闻名。MSCI 的 ESG 评级为投资者提供了对企业 ESG 表现的独立分析和评估，能够帮助他们更好地理解和管理投资中的 ESG 风险。MSCI 对电力行业 ESG 评级指标给出了参考，从表 1.1 的 MSCI 评价模型可以看出，环境议题的权重比例接近 50%，反映出电力行业在减污降碳和推动绿色能源方面的责任。在社会议题中，人力资本发展（占比 14.40%）是关键，凸显了员工培养和安全的重要性。治理议题权重比例为 36.50%，强调了良好的治理结构对于企业合规和降低运营风险的重要性。该模型通过量化各维度权重，为投资者提供了评估企业可持续性的框架，同时引导电力企业在环境保护、社会责任履行和治理优化上不断改进。

表 1.1　MSCI 电力行业 ESG 评价模型

一级	二级	三级	四级
环境	气候变化	碳排放量	10.30%
	自然资源	水资源压力	8.50%
		生物多样性与土地利用	3.40%
	污染和废弃物	有毒排放物和废弃物	13.50%
	与环境相关的发展机会	可再生能源发展机会	12.60%
社会	人力资本	人力资本发展	14.40%
		健康与安全	0.10%
	产品责任	隐私和数据安全	0.10%
	利益相关方冲突	社区关系	1.60%
治理	公司治理	商业道德实践	36.50%

1.3.2.2　煤电行业 ESG 关注

（1）环境（E）方面

我国能源活动的碳排放量约占全国二氧化碳排放总量的 88%，其中，电力行业的碳排放量约占能源行业碳排放总量的 42%。在实现“双碳”目标的背景下，行业的低碳绿色转型趋势十分明确。与环境相关的议题可以分为环境风险和环境机遇两大类。重要的环境风险议题包括气候风险、废气管理、固体废物管理、生物多样性保护等；环境机遇议题则涵盖智慧能源管理等方面，具体如表 1.2 所示。

表 1.2　环境指标相关应用

议题类别	具体内容	数据或例子
气候风险	极端天气事件对发电效率的影响及政策变动带来的经济风险	全球气温升高可能导致发电效率降低 1%～3%
废气管理	控制二氧化碳、硫氧化物和氮氧化物的排放量	二氧化碳：900～1 000 g/（kW・h）
		硫氧化物：3～8 g/（kW・h）
		氮氧化物：0.5～2 g/（kW・h）
固体废物管理	处理煤电厂产生的固体废物，如煤灰	煤灰产生量：0.1～0.2 kg/（kW・h）
		处理和利用率：20%～50%

续表

议题类别	具体内容	数据或例子
生物多样性保护	保护生态系统和生物多样性，减轻煤电厂建设和运营对栖息地和物种的负面影响	生态影响评估
		生态补偿措施（如植树造林、创建保护区）
智慧能源管理	通过智能电网和数据分析提高能源效率，减少能源损耗	预计可减少 10%～15% 的能源损耗

（2）社会责任（S）方面

电力作为关键的公用事业，直接影响着公众的基本生活和经济的平稳运行。然而，随着系统复杂性的增加、应用的数字化进程加快及极端天气事件的频发，电力行业面临着更大的安全稳定供应挑战和更高的要求。在此背景下，电力行业的重要社会议题日益突出，包括安全生产、就业责任、员工管理与社区关系，具体如表 1.3 所示。

表 1.3　社会责任指标相关应用

议题类别	具体内容	数据或例子
安全生产	煤电行业重视安全生产，防范煤矿坍塌等事故，致力于构建全面的安全生产治理体系，加强职业危害的防治	2020 年全国煤矿百万吨死亡率为 5.9%，较 2015 年下降 63.6%
		2022 年发生煤矿事故 168 起，死亡 245 人，百万吨死亡率为 5.4%
就业责任	作为国有企业，煤电行业承担着重要的就业职责，面对员工年龄偏大、学历偏低的现状，需建立有效的人才选拔、培养和激励机制	2021 年煤电行业就业人数达 340 万人
		上市公司员工中位数为 15 147 人
		员工年龄偏大（40 岁以上的员工占比 56.8%），学历偏低（多数为中专及以下学历）
员工管理与社区关系	煤电企业通过改善工作环境、加强职业健康与安全措施，降低职业病风险，同时积极参与社区建设，提供就业机会，改善基础设施，支持教育项目，推动当地社会经济发展	改善工作环境和加强职业健康措施
		积极参与社区建设，支持当地社会经济发展

（3）公司治理（G）方面

在煤电行业的 ESG 评级体系中，治理的关键议题包括 ESG 治理制度和组织架构、信息披露质量、股东治理、中小投资者保护、董事会及高管治理、合规与风险管理、治理绩效，以及商业道德与廉洁管理。由于煤电行业大部分上市公司属于国有企业，且成立时间较长，公司治理方面对这些企业提出了更高的要求。联合资信在评估过程中重点考核企业的治理绩效，关注公司治理与透明度、股东与利益相关者管理、道德规范与反腐败，具体如表 1.4 所示。

表 1.4　公司治理指标相关应用

议题类别	具体内容	实施措施
公司治理与透明度	煤电企业逐步加大治理结构的透明度，通过设立独立董事会，提升决策过程的公正性和透明度，同时采取措施，确保股东和利益相关者能够积极参与决策并有效监督管理层的行为	设立独立董事会
		确保股东和利益相关者参与决策并监督管理层
股东与利益相关者管理	在平衡股东与其他利益相关者关系时，煤电企业通过提升沟通透明度和建立利益相关者参与机制，更好地回应不同群体的需求和关切，增强企业的社会责任感和治理效能	提升沟通透明度
		建立利益相关者参与机制
道德规范与反腐败	为了维护企业声誉，实现可持续发展，煤电企业需要强化道德规范与反腐败措施，通过建立健全内部控制制度，确保企业遵守法律法规，防止腐败行为的发生，从而提升企业治理水平并保障其长期健康发展	强化道德规范
		建立健全内部控制制度
		确保企业遵守法律法规，防止腐败行为的发生

1.3.2.3　煤电行业上市公司 ESG 信息披露情况

煤电行业上市公司的 ESG 风险较高，主要原因在于其高污染、高耗能的特点。在“双碳”目标和能源结构转型的背景下，煤电消费占比将逐步下降，进一步加剧了该行业的 ESG 风险。煤电行业上市公司的 ESG 评级大致呈现正态分布，中位数为 BBB 级别（图 1.1）。然而，煤电行业的 ESG 评级普遍低于全行业平均水平，这不仅因为该行业本身的高污染和高耗能特性，还由于煤电企业在信息披露方面存在不足。目前来看，我国 A 股上市企业煤电行业共 32 家公司，其中 2023 年披露 ESG 相关报告的有 19 家，披露率为 59.38%，如表 1.5 所示，具体评级分布情况如图 1.1 所示。

表 1.5　煤电行业上市公司 ESG 披露情况

指标	数量
企业数量 / 家	32
ESG 相关报告数量 / 家	19
ESG 相关报告披露率 /%	59.38
E 指标披露率 /%	30.56
S 指标披露率 /%	30.06
G 指标披露率 /%	49.87

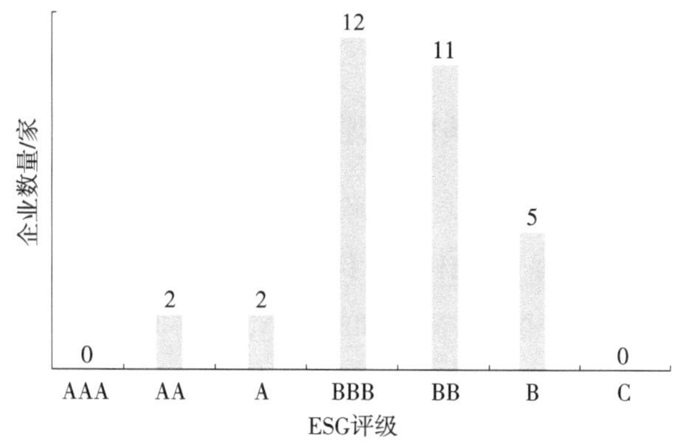

图 1.1　煤电行业上市企业 ESG 评级分布情况

数据来源：联合资信整理。

可以看出，煤电行业环境信息披露整体偏低，披露率为 30.56%。其中，碳排放数据和污（废）水产生量的披露率仅为 15.63%；大气污染的披露程度较高，达到 75.00%；水污染物、固体废物和危险废物的披露率分别为 59.38%、21.88% 和 15.63%；综合能耗的披露率为 21.25%。总体来看，煤电公司在环境信息方面的披露相对不足。

相较之下，煤电行业的社会责任信息披露情况较好，整体披露率为 59.38%。其中，安全生产、供应商管理和慈善捐赠的披露率较高，分别为 56.25%、71.88% 和 87.50%；而产品质量管理和员工多样性的披露率较低，不足 40%。整体而言，煤电行业在环境和社会责任方面的信息披露程度仍有待提高，需要进一步推动企业加强相关信息的披露。

1.4 减污降碳协同增效在煤电行业的重要性

随着全球气候变化问题的日益严峻，减少温室气体排放已成为国际社会的共识。在这一背景下，“减污降碳协同增效”成为各国推动经济社会可持续发展、实现碳中和目标的重要战略。作为碳排放大户，煤电行业的转型升级不仅关乎国家能源安全，也对全球气候治理具有重要影响。本节将探讨减污降碳协同增效在煤电行业的重要性，从政策驱动、市场效益及社会责任方面展开分析。

1.4.1 政策驱动：减污降碳协同增效的必然性

在“双碳”目标的推动下，我国政府相继出台了一系列政策措施，推动煤电行业的减污降碳进程。2021 年，我国在联合国气候大会上宣布将努力实现 2030 年前碳达峰、2060 年前碳中和的目标，这一承诺标志着我国将全面推动低碳经济转型。对煤电行业而言，减污降碳协同增效不仅是应对政策压力的必要措施，更是顺应全球能源转型潮流、提升行业竞争力的重要途径。

近年来，我国政府不断加大对煤电行业的环境监管力度，如实施超低排放改造、制定煤电企业碳排放权交易机制等。这些政策不仅督促煤电企业加大减污降碳的技术投入，也为减污降碳协同增效提供了政策支持。例如，2024 年 7 月 15 日，国家发展改革委、国家能源局发布的《煤电低碳化改造建设行动方案（2024—2027 年）》旨在加速现有煤电机组的低碳化改造，并引导新建机组遵循低碳化原则，目标是在 2025 年和 2027 年先后实现度电碳排放较 2023 年分别降低 20% 和 50%。该方案提出了生物质掺烧、绿氨掺烧和碳捕集、利用与封存（CCUS）3 种改造方式，并从项目布局、机组条件和降碳效果 3 个方面设定了具体要求。为保障该方案全面实施，政府将提供资金支持、政策保障、电网调度优化和技术创新应用。其余煤电行业 ESG 相关政策整理如表 1.6 所示。

表 1.6 煤电行业 ESG 相关政策整理

日期	发布部门	政策名称	重点内容
2020 年 10 月	生态环境部	《碳排放权交易管理办法（试行）》	煤电行业作为碳市场主要参与者，需根据排放额度进行交易，激励企业降低碳排放
2021 年 9 月	中共中央办公厅、国务院办公厅	《完善能源消费强度和总量双控制度方案》	强化能源消费强度和总量双控措施，推动煤电行业提升能源利用效率，控制碳排放总量
2021 年 10 月	中共中央、国务院	《关于有序推进碳达峰碳中和工作的意见》	通过采取技术改造、清洁能源转型等措施实现碳达峰目标，减少污染物排放
2022 年 1 月	国务院	《“十四五”节能减排综合工作方案》	通过技术升级、淘汰落后产能等方式提升煤电行业能效，减少污染物排放，推动经济绿色转型
2022 年 10 月	国家发展和改革委员会、国家能源局	《能源碳达峰碳中和标准化提升行动计划》	优化煤电布局、提高煤电机组的清洁高效利用水平，减少煤电在能源结构中的占比
2024 年 7 月	国家发展和改革委员会、国家能源局	《煤电低碳化改造建设行动方案（2024—2027 年）》	对标天然气发电机组的碳排放基准，科学规划并分阶段实施煤电低碳化改造建设的主要目标，对煤电低碳化改造建设的项目布局、机组条件、降碳效果等作出了具体要求

1.4.2 市场效益：减污降碳的经济驱动

在全球气候变化的背景下，减污降碳协同增效已成为煤电行业提升市场效益的重要战略之一。我国碳市场的快速发展，尤其是碳价在 3 年内翻倍的显著变化，进一步凸显了减污降碳对煤电行业的影响。以下从碳市场价格变化、碳市场扩容、交易量与资产价值提升，以及减碳成本下降等方面，详细分析其重要性。

1.4.2.1 碳市场价格变化推动煤电行业降碳经济效益提升

煤电企业通过优化能源结构、提高能源效率、减少碳排放，不仅降低了碳排放成本，还能通过交易碳排放配额获得额外收益。例如，碳市场上线以来，全国电力行业的减碳成本累计降低约 350 亿元，自 2021 年 7 月 16 日我国碳市场正式启动以来，碳价从 48 元/t 上升至 2024 年 7 月 15 日的 87.05 元/t。碳市场价格的持续上涨，显著增加了煤电行业的碳排放成本，促使企业加快实施减碳措施。

1.4.2.2　碳市场扩容带动煤电行业市场覆盖面扩大

近年来，全国碳市场的覆盖范围不断扩大，自 2021 年 7 月 16 日我国碳市场正式启动以来，第一个履约周期内，共纳入发电行业关键排放实体 2 162 家，覆盖年度二氧化碳排放量约为 45 亿 t；至第二个履约周期，参与主体增至 2 257 家，2024 年覆盖二氧化碳排放量突破 50 亿 t，我国成为全球最大的碳排放权交易市场。碳市场的扩展意味着更多煤电企业需要开展减污降碳行动，市场机制倒逼企业进行技术升级和绿色转型，从而增强了整个行业的竞争力，巩固了市场地位。

1.4.2.3　交易量与资产价值增长为煤电行业带来经济收益

两个履约周期内累计分配的配额超过 190 亿 t，按当前市场价格计算，相关资产价值已超过 1.5 万亿元。通过积极参与碳交易，煤电企业不仅实现了环保目标，还获取了巨大的经济收益。进入第二个履约周期后，碳市场的交易量较第一个履约周期增长 19%，成交量激增 89%，累计交易额突破 269.7 亿元。这表明碳市场已成为煤电行业获取额外市场收益的重要渠道。

1.4.2.4　降低成本增强煤电行业市场竞争力

除直接降低排放成本外，减污降碳还帮助企业避免了未来可能更为严格的环境监管和更高的排放费用，确保企业在市场竞争中立于不败之地。截至 2024 年 7 月 15 日，通过两个履约周期的工作，全国电力行业的减碳成本降低约 350 亿元，这显著增强了煤电企业的市场竞争力。在碳价格不断上涨的背景下，减污降碳协同增效成为企业降低运营成本、提升利润率的重要手段。全国碳排放权交易市场交易运行情况如图 1.2 所示。

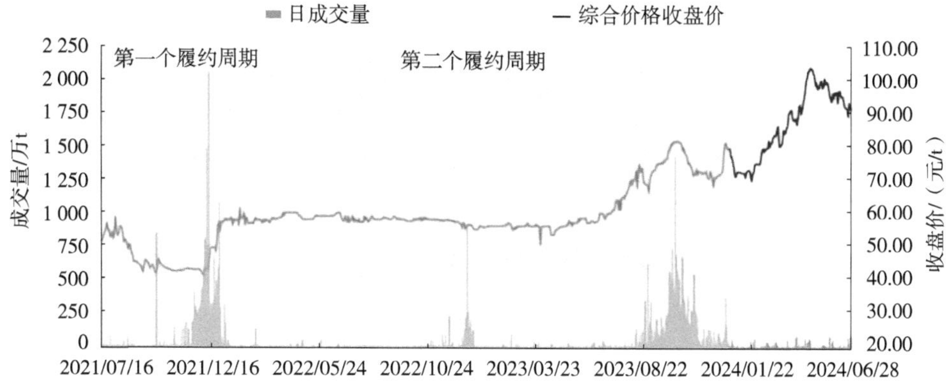

图 1.2　全国碳排放权交易市场交易运行情况

资料来源：生态环境部《全国碳市场发展报告（2024）》。

1.4.3　社会责任：减污降碳的道德与法制驱动

煤电行业在承担经济责任的同时，还需履行其社会责任。减污降碳协同增效不仅是企业应对气候变化的关键措施，也是其履行社会责任的重要体现。

1.4.3.1　公众健康与环境保护

煤电企业的减污降碳措施能够有效减少大气污染物的排放，从而降低对公众健康的危害。例如，减少二氧化硫和氮氧化物的排放可以降低酸雨的形成，减少对水土资源的破坏。此外，降低颗粒物的排放有助于减少雾霾天气的发生，改善空气质量，保障公众健康。这些措施不仅有助于提升企业在公众中的形象，还能减轻企业在环境治理方面的负担。

1.4.3.2　社会稳定与就业保障

煤电行业是我国重要的能源支柱产业，涉及广泛的就业人群。通过实施减污降碳技术，煤电企业可以推动行业绿色转型，创造新的就业机会，促进社会稳定。例如，清洁煤技术和智能电厂的推广将带动相关产业的发展，创造大量技术性就业岗位。此外，企业在实施环保措施的过程中，也需要大量专业技术人员，从而提升行业整体就业水平。

1.4.3.3 企业声誉与公众信任

在当前社会对环境保护高度关注的背景下，企业的环保表现直接影响其社会声誉和公众信任。煤电企业通过减污降碳协同增效，展示其在环保方面的承诺与行动，不仅有助于赢得公众信任，还能增强企业的社会影响力。例如，企业在环保方面的优秀表现可以作为企业履行社会责任的典范，提升企业在社会中的地位和影响力。

根据重点煤炭行业上市公司半年报披露的社会议题信息，社区议题是主要关注点。许多上市公司，尤其是中国神华和兖矿能源，已经将其社区服务的重点从传统的产业帮扶和基础设施建设转向人员培训（表 1.7）。这一转变表明，上市公司在社区贡献方面更加注重通过培训提升当地居民的技能和就业能力。从双重影响性角度来看，人员培训模式对利益相关者的影响最显著，加强了公司在社区中的积极作用。

表 1.7　部分重点煤炭作业上市公司半年报涉及社会议题相关实践

企业名称	社会议题相关事项
中国神华	对陕西省米脂县和吴堡县、四川省布拖县等 3 个定点县投入帮扶资金 3 891 万元，实施产业帮扶、基础设施建设等项目 27 个，培训技能人才、基层干部 774 人次，投入 415.5 万元购买或销售农产品。此外，准格尔能源等 8 个子公司开展乡村振兴、疫情防控等属地帮扶项目 12 个，共捐赠资金 2 788 万元
兖矿能源	在山东省菏泽市、内蒙古自治区鄂尔多斯市帮扶村实施“产业振兴、人才振兴、文化振兴、生态振兴、组织振兴”五位兖矿一体帮扶规划。支持内蒙古自治区伊金霍洛旗林果经济项目、食品深加工项目开展，积极融入地方经济建设。积极招募“乡村振兴合伙人”，免费开办面点、电气焊等技能培训，培训学员 50 余名，解决了群众缺技术、就业难的问题
中煤能源	公司所属企业累计帮扶乡镇 19 个，实施各类帮扶项目 18 个，投入帮扶资金（含物资折款）540.5 万元，资金主要用于开展援疆帮扶、产业帮扶、就业帮扶、教育帮扶、党建帮扶、基础设施建设及献爱心送温暖等方面；共计购买帮扶地区农副产品 449.7 万元；选派挂职帮扶干部、驻村第一书记及驻村工作队员 10 名；公司领导及干部职工到帮扶点调研 17 人次；扶持当地龙头企业 2 家

CHAPTER 2

第 2 章 文献述评与行业现状及挑战

2.1 ESG 文献回顾与述评

2.1.1 ESG 表现的相关研究

ESG 是一种评估企业可持续性和社会责任的投资理念和企业评价标准。其核心是通过非财务因素衡量企业的长期可持续性和对外界的影响。ESG 表现可以理解为，企业和投资者在从事商业活动时，将环境、社会和治理问题纳入考虑范围所作出的行动。与该概念含义最相关的概念是企业社会责任（CSR）。CSR 是指企业为承担更多社会责任、成为优秀企业所付出的行动。两者的区别是，ESG 明确包含治理因素，而 CSR 间接包含治理概念。因此，ESG 比 CSR 的含义更加宽泛（Gillan et al.，2021），且更加偏向资本治理导向。下面从前因（ESG 表现的影响因素）和后果（ESG 表现的经济后果）两个方面对相关研究进行简要回顾，相应的文献综述还可以参考诸如 Gillan 等（2021）和 Tsang 等（2022）的研究。

2.1.1.1 ESG 表现的影响因素

在探讨公司的环境、社会与治理活动时，市场特征、公司内部治理（特别是董事会、高管和高管薪酬）及所有权特征是 3 个至关重要的维度，共同塑造了企业对 ESG 的态度和行为。

（1）市场特征

已有研究表明，公司的 ESG 活动与所在市场的特征有关。一方面，不同国家之间的经济发展水平差异、文化差异、法律制度和政治制度差异等均会导致各国企业对于 ESG 的不同偏好。另一方面，同一国家内部不同的行业、政治倾向、区域社会资本等特征同样会导致企业对 ESG 重视程度的不同。从宏观经济背景来看，研究表明国家制度特征是影响企业 ESG 活动的重要层面（Cai et al.，2016），正式制度如法律是企业进行 ESG 的主要因素之一（Liang et al.，2017）。然而，也有文献表明正式制度与企业社会责任履行并非简单的线性关系，两者之间存在“门槛效应”（Leiter et al.，2011），表明正式制度的驱动作用存在阈值，单纯依赖正式制度促进企业承担社会责任是不够的。

（2）董事会、高管和高管薪酬

大量的文献研究了公司董事会和管理层特征与公司 ESG 活动在环境和社会方面的相关性，有助于理解 ESG 与公司内部治理的关系。其中的核心争论点在于 ESG 是公司治理良好的结果，还是管理者为实现自身利益而作出的自利决策。例如，有研究表明以女性为企业领导者或董事会成员的美国公司的 ESG 得分明显更高（Borghesi et al.，2014），而且由生育过孩子的高管任职的公司，其 ESG 评分相较于公司评级行业的中值高出 9.1 个百分点，显示出这类高管的背景可能对公司 ESG 表现具有积极的促进作用（Cronqvist et al.，2017）。随着任职期限的增加，CEO 会更注重短期收益而忽略 ESG 绩效，而年轻的 CEO 会更注重未来职业生涯发展，通常会考虑利益相关者对自身业绩的评价而投入更多 ESG 业务（Yuan et al.，2019）。

（3）所有权特征

众多研究考察了所有权结构和类型与公司的 ESG 选择之间的联系，包括所有权结构和类型如何影响公司的 ESG 选择，以及公司的 ESG 表现如何影响所有者的投资决策，即要么是股东影响了公司 ESG 决策的改变，要么是公司的 ESG 表现吸引了某些类型的股东（Boubakri et al.，2019；Abeysekera et al.，2020）。相关研究有助于理解公司的 ESG 活动是符合股东利益的行为还是代理问题导致的结果。

2.1.1.2　ESG 表现的经济后果

ESG 不是纯粹的慈善活动，它旨在与商业战略相结合，为企业创造价值，还可能为更广泛的社会创造价值。ESG 既不是只关注营销，也不是单纯地生成业绩报表，它涉及企业如何在其战略范围内开展业务。目前关于 ESG 表现的经济后果主要有 3 个方面。

（1）公司业绩

根据现有文献，ESG 与企业业绩之间存在正相关、负相关和不相关的不同证据。第一类研究表明 ESG 与企业价值呈正相关，认为企业进行 ESG 活动与企业的盈利能力密切相关（Brogi et al.，2019），ESG 分数与企业可持续发展绩效之间具有正相关关系（Rajesh et al.，2020），企业通过披露 ESG 信息、优化管理实践以及丰富董事会性别多样性可以实现企业价值的提升（Qureshi et al.，2021）。第二类研究表明 ESG 与企业价值呈负相关，认为 ESG 表现较好的企业价值反而更低（Brammer et al.，2006；Sassen et al.，2016）。还有学者认为 ESG 与企业价值之间不存在相关性（Atan et al.，2018）。其中，有研究表明企业的 ESG 选择可以通过增加现金流、提升企业声誉、提高生产效率等以实现股东财富最大化，从而提升企业价值和绩效；另有研究认为，企业的 ESG 选择是代理矛盾的外在表现，是管理层以牺牲股东利益为代价实现其自身利益最大化的结果，不利于企业价值和绩效的提升。

（2）企业风险

已有研究表明，ESG 行为和表现会影响企业所面临的系统风险（El Ghoul et al.，2016）、信贷风险（Seltzer et al.，2022）、供应链风险（Schiller，2018）、诉讼风险（Becchetti et al.，2015）、声誉风险（Hoepner et al.，2019）等，进而影响企业的资本成本（Zerbib，2019）。其中，多数研究认为重视并执行 ESG 可以降低企业风险，但也有研究认为，ESG 会通过降低生产率而增加企业的特有风险。

（3）资本市场中的参与者以及外部效应

此类研究涵盖了 ESG 表现对投资者、分析师以及债务市场参与者的影响（Dyck et al.，2019），对管理层和员工行为的作用，以及对环境产生的影响。

2.1.2 ESG 信息披露的相关研究

ESG 信息披露是指企业针对其环境、社会和治理方面的具体实践进行的信息披露，是企业非财务信息的重要组成部分，ESG 披露是整个资本市场投资和资源配置的一项基础性工作。一般来说，信息披露可分为两大类，一是强制披露，二是自愿披露。强制披露一般是政府行政或者监管部门要求企业向社会公众披露信息。

目前，国内外关于 ESG 是否自愿披露的规定并不一致。在我国，中国证券监督管理委员会（以下简称证监会）鼓励上市公司进行 ESG 信息披露。虽然目前并未强制要求所有上市公司披露 ESG 信息，但证监会在其发布的《上市公司治理准则》中强调，企业应披露有关社会责任和环境保护的信息。美国要求所有上市公司必须披露环境方面的问题对公司财务绩效的影响；欧盟要求污染严重的企业必须进行 ESG 信息披露，其他企业遵循自愿披露的原则；法国要求大型上市企业以及一定规模以上的非上市企业进行 ESG 信息披露；英国对披露 ESG 信息的上市公司有定性和定量的要求；新加坡则是分行业分阶段实施强制性气候披露。

2.1.2.1 ESG 信息披露的影响因素

在探讨影响企业 ESG 信息披露时，影响因素分为内部特征与外部监督，可以从以下几个方面进行更为详尽和系统的阐述。

（1）内部特征

①企业经营基础。企业的 ESG 信息披露行为往往建立在其坚实的经营基础和经济实力之上。随着企业经营实力的增强和财务绩效的提升，企业更有可能寻求通过披露 ESG 信息来树立良好的企业形象，增强外部投资者和利益相关者的好感与信任。多项研究均表明，财务绩效优异的企业更倾向于主动披露 ESG 信息，以此作为展现其社会责任感和可持续发展能力的重要途径（Brooks et al.，2018）。

②公司治理结构。公司治理结构在推动企业 ESG 信息披露方面发挥着关键作用。董事会作为企业的核心决策和监督机构，其规模和构成直接影响 ESG 信息披露的决策过程。具体而言，董事会规模较大、独立董事及女性董事占比较高的企业，往往拥有更强的监督机制和更广泛的视角，从而更倾向于进行 ESG 自愿信息披露（Husted et al.，2019；Arayssi et al.，2019）。相反，CEO 两职合一可能削弱监督力度，对 ESG 信息披露产生不利影响。

③公司基本特征。公司规模、成立年限及所处行业等基本特征也是影响 ESG 信息披露的重要因素。较大规模的企业通常拥有更多的资源和能力来支持 ESG 项目的实施和信息的披露（Garcia et al.，2017）。而企业的成立年限能够反映其成熟度和对社会责任的认知深度，成立时间较长的企业可能更加注重长期品牌形象和社会声誉的构建，从而更愿意披露 ESG 信息（Yu & Luu，

2021）。此外，不同行业的企业在 ESG 信息披露方面也存在显著差异，这与其行业特性、监管要求及市场期望密切相关。

（2）外部监督

①市场和政府监管。市场和政府监管是推动企业 ESG 信息披露的重要外部力量。国家层面的政治制度（如法律框架）、劳动制度和文化制度等因素会显著影响企业的 ESG 信息披露行为（Baldini，2018）。严格的法律法规和监管政策能够促使企业更加规范地披露 ESG 信息，而积极的文化氛围和市场导向则有助于提升企业主动披露 ESG 信息的意愿。

②媒体社会监督。媒体在推动企业 ESG 信息披露方面发挥着不可忽视的作用。媒体关注能增加企业 ESG 行为的透明度和公众曝光度，促使企业更加积极地回应社会关切和期望（Islam & Deegan，2010）。在媒体舆论的监督下，企业不得不重视 ESG 表现，并通过信息披露来展现其社会责任和可持续发展能力。

③典型标杆示范。企业在进行 ESG 信息披露时往往存在行为模仿现象。同行业内的标杆企业通常会成为其他企业模仿的对象（Aerts et al.，2006）。这些标杆企业通过率先披露高质量的 ESG 信息，树立了良好的行业形象和示范效应，从而激励其他企业跟随其步伐进行信息披露。这种模仿行为不仅有助于提升整个行业的 ESG 表现水平，还促进了 ESG 信息披露规范和实践经验的传播与共享。

2.1.2.2　ESG 信息披露的经济后果

当前，关于披露 ESG 信息的作用机制主要包括以下几点：首先，它有助于改善与利益相关者的关系。具体而言，当企业满足各方利益相关者的期望时，将能够实现更佳的经营成果。其次，披露 ESG 信息能够降低信息不对称性。作为非财务信息的关键组成部分，ESG 信息是财务信息的重要补充，其充分的披露有助于展示企业的优秀 ESG 实践，增进外部债权人和投资者对企业经营决策的理解，进而降低企业的资本成本并控制风险。再次，ESG 信息披露作为一种印象管理工具，能够提升和维护企业声誉（Xie et al.，2019），从而更容易获得积极的外部市场评价。最后，ESG 信息披露有助于降低委托代理成本，即通过加强股东对管理层的监督作用，解决企业在运营过程中所面临的代理问题。

关于 ESG 信息披露所产生的经济后果，主要体现在以下 3 个方面：首先，信息披露能够提升企业的绩效（或价值）。在发达经济体中，学者通过实证研究普遍认为，信息披露对提升企业绩效（或价值）具有积极作用（Alsayegh et al.，2020；Wong et al.，2021）。其次，信息披露有助于降低企业的融资（或债务）成本。信息不对称是导致企业资本成本增加的关键因素之一。Clarkson 等（2008）研究发现，自愿性的环境信息披露能够提高外部利益相关者对企业的整体评价，降低对投资回报率的期望，进而减少企业的股权融资成本。最后，ESG 信息披露能够降低投资风险。ESG 信息披露有助于鉴别财务报告的质量，降低投资者在信息筛选上的成本，并为投资者提供更明确的投资信号，从而有利于投资者作出更为全面的投资决策（Giudice & Rigamonti，2020）。

2.1.3 煤电行业 ESG 相关研究

煤电行业在环境方面的研究主要集中在碳排放与减排技术方面。由于煤电是二氧化碳排放的重要来源，许多文献探讨了如何通过技术改进和政策实施来减少碳排放。例如，Wang 等（2019）研究了我国煤电行业的碳减排潜力，提出通过提高能效和推广碳捕集与封存（CCS）技术来减少碳排放。此外，煤电行业在管理其他污染物（如硫氧化物、氮氧化物和颗粒物）方面也进行了广泛研究。He 等（2021）分析了我国煤电厂的废气排放控制技术，并评估了这些技术的环境效益。在社会方面，煤电行业的研究多集中于对社区健康和安全的影响。许多文献表明，煤电厂的污染排放与周边社区的健康问题（如呼吸道疾病和心血管疾病）存在关联。例如，Krewski 等（2009）探讨了煤电厂排放的颗粒物对居民健康的长期影响，发现高污染地区的居民面临更高的健康风险。在治理方面，研究主要集中在企业的 ESG 绩效与治理结构的关系上。例如，Scholtens 和 Dam（2007）研究了欧洲能源企业的治理结构与 ESG 绩效的关系，发现企业的治理质量与其社会和环境绩效显著相关。

综上所述，煤电行业的 ESG 研究涵盖了碳减排、污染物管理、社区健康影响、社会责任和治理结构等方面，但是总体来说目前针对煤电行业的 ESG 研究较少。未来的研究可以进一步探讨如何在这些领域实现更高的 ESG 绩效，并推动煤电行业向更加可持续的方向发展。

2.1.4　ESG 既有文献述评

在 ESG 领域的学术研究中，诸多议题尚未得到充分的审视。首先，关于 ESG 投资的研究主要聚焦于机构投资者，而对个人投资者的关注相对较少。未来研究可深入探讨个人投资者在将 ESG 因素融入投资决策过程中所遭遇的挑战与阻碍。此外，针对非投资者利益相关者（如消费者和供应商）的研究也为重要议题。尽管已有研究显示 ESG 基金相较于传统基金具有一定的表现优势，但 ESG 基金对环境和社会产生的具体影响仍需进一步评估。

其次，关于 ESG 与企业价值的关系，现有研究主要集中于通过财务绩效指标（如 ROA、ROE 和托宾 Q）来衡量企业价值，非财务绩效参数（如客户绩效和员工绩效）的影响则较少被关注。未来的研究应深入探讨 ESG 绩效对非财务参数的影响，并进行跨国比较研究，比较 ESG 对不同国家企业绩效的影响。此外，大量文献探讨了 ESG 与公司绩效之间的直接关系，进一步的研究可以探索不同的调节因素和中介因素，以更全面地理解这一关系。

在探讨董事会特征与 ESG 绩效及 ESG 报告之间的关系方面，目前的研究尚存若干未填补的空白。关于董事会构成、企业社会责任委员会的设立、首席执行官薪酬与 ESG 绩效之间的联系及其对公司整体绩效的影响，现有研究主要依赖于二手数据和定量分析方法。未来研究可采用定性数据，深入探究管理层的视角，以揭示更多潜在变量及其对 ESG 绩效的影响。同时，对 ESG 报告的研究也应扩展至更广泛的利益相关者视角，分析这些报告措施对特定行业和经济体的潜在影响，并探讨制度与监管压力下公司内部动态的演变。跨国研究在这些领域将有助于更全面地理解全球范围内 ESG 实践的现状。

2.2　减污降碳协同增效的文献回顾与述评

2.2.1　减污降碳协同概述

协同效应的减污降碳原理，源自协同学理论与国际绿色低碳发展的实践相结合。协同学理论指出，在复杂开放系统中，众多子系统的影响、联系及相互作用能够产生整体效应或集体效应，即协同效应。这种效应的作用结果，将超越各个子系统单独作用的总和，形成“1+1＞2”的效果。随着气候变化问题日益严峻，气候政策的协同效应逐渐成为气候变化领域研究的焦点。发达国家在应对气候变化的实践研究中发现，从减缓气候变化的角度出发，实施温室气体减排政策能够获得“减污”的额外效益，并降低社会总减排成本，温室气体与大气污染物之间的协同效应得到了普遍认可。随着研究范围扩展至发展中国家，协同效应的概念不再局限于说明温室气体减排政策所带来的环境污染治理效益，还加入了对发展要求的考量。在我国的污染减排研究中，减污降碳协同效应的概念界定由“单向协同”延伸至“污碳并重”。

2.2.2　减污降碳协同增效相关研究

多数研究显示，大多数空气污染物和温室气体排放源自化石燃料的燃烧和利用，它们具有同根同源的特点（IPCC，1995）。中国环境与经济政策研究中心将减污降碳协同（同时减少污染和碳排放）定义为包含两种现象：第一，在控制温室气体排放的同时减少非温室气体污染物的排放（碳政策的减排效应）；第二，在污染控制和生态行动中减少二氧化碳和其他温室气体的排放（污染政策的减碳效应）。

实证研究方面已有不少证据体现出减污降碳协同的潜力。首先，Burtraw等（2001）研究表明，美国电力行业在显著减少温室气体排放的同时，也减少了传统空气污染物的排放，凸显了碳减排法规在污染缓解方面的影响，这一发现为后续减污降碳协同政策提供了重要的实证基础。此外，Goulder等（2024）模拟了我国交通运输部门碳税和能源税的效果，揭示了这些税收在减少二氧化碳排放和促进空气污染减少方面的双重效益。相反，Zhu 等（2023）的研究聚焦于我国工业部门，研究发现空气污染减少与气候变化之间存在协同效益，但是这种效益存在区域差异。为了更精确地量化减污降碳协同的效果。Justyna 等（2024）探讨了环境法规对不同排放水平国家碳排放的影响，发现环境政策严格度与减少人均碳排放相关，且市场化工具在低排放国家中最为有效。

在探讨污染减排政策对碳减排的影响方面，Shi 等（2025）的研究奠定了基础，研究表明转向低硫燃料可以同时改善空气质量和减少二氧化碳排放。Gu 等（2018）对比了在“十一五”和“十二五”期间，不同污染减排政策对碳减排效果不同。Qian 等（2021）则进一步指出，提高能源利用效率有助于减少非电力部门二氧化硫、氮氧化物、颗粒物和二氧化碳的排放。这些研究表明，污染减排政策在促进空气质量改善的同时，能够有效推动碳减排目标的实现。

现有文献对减污降碳协同的关系进行了较为深入的探索，但仍存在一些局限性。首先，中国环境与经济政策研究中心对减污降碳协同的定义包括污染减排政策和碳减排政策两个方面，然而在大多数研究中并未得到充分体现，现有研究往往采用单边视角，缺乏对中国双边协同举措的深入分析。其次，我国法规主要集中在宏观层面的行业和部门，对微观企业（“双碳”视角下的关键市场参与者）在减污降碳协同的驱动路径研究较少，这在一定程度上限制了研究对现实情境的解释力度和政策实施的精准性安排。

2.2.3　减污降碳协同前因解读

Tornatzky 和 Fleischer（1990）提出的 TOE 框架是一个全面的分析工具，它将影响技术创新的因素分为技术、组织和环境 3 个层面。该框架已被学者广泛采用，用于解释组织中技术的整合与使用。随着环境管理研究的深入，作为分析技术应用的关键工具，TOE 框架已经得到了广泛的实证应用。然而，鉴于 TOE 的西方起源，有必要进一步探讨该框架在我国独特的经济、社会和文化背景下的适用性和差别，同时这些因素可能会改变其影响机制和模式。下面根据 TOE 框架对减污降碳协同的前因做一个文献回顾。

2.2.3.1 技术层面

鉴于绿色转型对制造业的影响，生产实践中的技术变革势在必行（Sun et al.，2023）。环境投资分为污染控制（末端治理）和污染预防（前端治理）两大类。前端治理强调长期效益和环境创新投资，与以高成本修复实现短期收益为主的末端治理形成鲜明对比（Hart & Ahuja，1996；Zeng et al.，2022）。末端治理作为一种临时解决方案，会增加即时成本，却无法带来可持续的收入增长（Zhang & Hao，2024）。

数十年以来，对经济增长的追求掩盖了对环境问题的关注，促使企业形成了“先污染后治理”的思维模式。末端治理曾是企业污染控制的基石（Zhu et al.，2019），现已暴露出资源管理效率低下、控制不力、污染缓解效果短暂等局限性。这种方法主要以敷衍的、短期的方式应对监管要求，无法带来长期收益（Ehresman & Okereke，2015；Hart & Ahuja，1996）。因此，前端预防的重要性日益凸显（Zhang & Ma，2021）。尽管初期成本较高，但前端预防可以减少废物处理和原材料支出，提高生产力并增强企业的经济效益和环境绩效（Hart & Ahuja，1996）。与末端治理的“被动”应对（购买设备处理现有污染物而不改变业务或生产过程）不同，前端预防是一种“主动”方法，将低碳技术融入企业结构和生产中。

2.2.3.2 组织层面

企业在进行环境投资时，常面临成本高、回收期长、不确定性高等挑战。为推动社会责任视角下的减污降碳协同，政府必须出台一系列生态行为监管规定。其中，财政和税收支持政策作为关键的政策工具，为企业向绿色、低碳转型提供了强大动力。这表明，合理的碳税率能够有效引导企业减少碳排放。Jiang 等（2022）强调，征收硫税或氮税不仅有助于减少空气污染物排放，还能显著降低碳强度，最终减少碳排放。这一发现为政府制定更为全面的环境税收政策提供了有力支持。Yang 等（2024）的研究也证实了环境税在促进污染和碳排放减少方面的积极作用。此外，Li 等（2021）通过对交通运输部门数据的分析发现，能源税在其中发挥了关键作用。

企业环境信息披露有助于促进绿色发展，加强环境治理，并降低合规成本，彰显了企业对环保合规的承诺。同时，通过提升环境实践的透明度，企业还能吸引投资者和利益相关者的关注。Xu 等（2024）探讨了环境信息披露（EDI）对中国制造业企业绿色转型（GT）的影响，发现 EDI 通过缓解融资约束和改善内部治理，促进了企业的环境意识和绿色转型，尤其在私营企业和高污染行业中效果更为显著。为解决信息不对称问题，企业会披露环境信息以维护或提升公众形象，展示其强大的环境管理能力，从而获取竞争优势。

企业所有制对资源配置、决策制定和治理框架具有显著影响，进而影响碳减排工作。Lin & Dan（2021）强调，在研究企业所有制在治理中的作用时，应考虑制度因素，因为不同类型的所有权对低碳城市减排措施的反应各不相同。国有企业与政府相关联，面临更严格的内部监督，并承担着政治和社会责任（He et al.，2023），这些国有企业往往支持减排政策，促进环境领域的创新（Wang et al.，2022）。同时，国有企业中被政府任命的高管则会更加受到关注，加大审查力度（OECD，2024），可以看出，国有企业与非国有企业在减污降碳协同效应方面可能存在不同偏好。因此，企业所有制形式对制定促进污染减排、碳减排和效率提升影响较大。

2.2.3.3　环境层面

环境规制是推动企业环境治理行为的重要驱动力（Marakova et al.，2021）。例如，城市环境保护访谈作为具有强大政府影响力的关键治理工具，根据制度理论中的规制合法性，加大了地方政府的环境责任和监管力度。这些访谈还改变了环境合法性，放大了地方政府的治理作用，导致在中央生态环保督察中的访谈期间，企业面临更为严格的合规要求。

2.3 煤电行业发展历程与现状

2.3.1 国外煤电行业发展历程与现状

2.3.1.1 发展历程

（1）早期发展阶段（19 世纪中叶至 19 世纪末）

19 世纪 60 年代，欧洲一些主要工业国家（如英国、德国和法国）开始探索煤炭在电力生产中的应用。1866 年，德国工程师维尔纳・冯・西门子（Werner von Siemens）提出了自激式发电机（dynamo）的原理，大幅提升了发电效率，这一发明被认为是煤电技术的一个重要突破。随后，欧洲的煤电行业经历了显著的技术进步和扩张。19 世纪 70—90 年代，技术革新使得煤电厂的效率和装机规模不断提升。1889 年，英国电力公司（Electric Power Company）在曼彻斯特建成一个大型煤电厂，其装机容量达到世界领先的 50 MW。1891 年，德国西门子与哈尔斯基公司（Siemens & Halske）在柏林建立了首座大型煤电厂，该煤电厂采用了新型的高效锅炉和发电机，大幅提升了电力生产能力。1895 年建成的格雷特曼煤电厂（Great Manchester Power Station），其先进的技术和规模在欧洲范围内产生了深远影响。与此同时，荷兰、比利时和意大利等国家也开始建设煤电厂，尽管规模和技术水平与英国和德国相比存在差距，但这些国家的早期建设为后续的煤电行业发展奠定了基础，为工业化发展提供了能源保障。

随后，煤电热潮迅速蔓延至北美地区，美国也迅速加入煤炭利用的大潮中。美国煤电的发展始于 19 世纪中后期。19 世纪 70 年代，爱迪生电力公司（Edison Electric Light Company）开始推广使用煤炭发电。1882 年世界上第一个商业煤电厂珀尔工厂（Pearl Street Station）在纽约建立，这一创举标志着现代电力工业的诞生。

在此阶段，国外煤电行业经历了从无到有的过程，随着工业革命在全球范围内的兴起，煤炭作为一种高效、易获取的能源资源，迅速成为工业生产的重要驱动力。虽然煤电行业的技术水平相对原始，但已经初步形成了从煤炭开采、运输到燃烧发电的完整产业链。尽管煤炭燃烧效率较低，污染物排放较高，但以其丰富的储量和低廉的成本优势，迅速占据了全球能源市场的主导地位。

（2）快速发展阶段（20 世纪初至 20 世纪中叶）

随着工业化的推进和电力需求的增长，各国开始大规模建设燃煤电厂以满足国内能源需求。伴随燃烧技术和发电设备的不断创新，国外煤电行业迎来了快速发展期。燃烧技术的改进提高了煤炭的燃烧效率，减少了污染物的排放；而发电设备的升级则使煤电的生产效率大幅提升。这些技术突破均为煤电行业快速发展奠定了坚实基础。

在美国，煤电行业在此阶段迎来了黄金时期。随着电力需求的不断增长，煤电逐渐取代了水力发电等其他能源形式，成为电力供应的主要来源之一。20 世纪初，随着美国经济的工业化进程，电力需求从最初的工业生产扩展到城市照明、家庭电器等多个领域。美国煤电行业经历了显著的技术进步，其中最关键的技术革新是发电机和锅炉的效率提升。例如，1904 年，美国匹兹堡煤电公司（Pittsburgh Coal Company）建成了匹兹堡电力公司（Pittsburgh Power Company）的大型煤电厂，该煤电厂的装机容量达到 250 MW，是当时世界上最大的煤电厂之一；1913 年，通用电气公司（GE）推出了改进版的发电机，使得电力生产更加高效，降低了单位电力的生产成本。这些技术进步为煤电行业提供了强大的动力，使电力能够以更低的成本和更高的效率供应给消费者。根据美国能源信息署（EIA）的数据，到 1910 年，美国煤电厂的总装机容量已超过 2 000 MW；到 1920 年，美国的电力生产中约有 70% 依赖煤炭。1935 年，时任美国总统富兰克林·罗斯福签署了《公共事业控股公司法》（*Public Utility Holding Company Act*，PUHCA），旨在提高电力行业的透明度和效率，为煤电行业的进一步发展提供了良好的政策监管环境。

与此同时，欧洲、日本等其他国家和地区也纷纷加快了煤电行业的发展步伐。20 世纪初，欧洲各国的工业化进程加快，特别是德国、英国和法国。以德国为例，1900—1910 年，德国的电力需求几乎翻了一番，这种增长推动了煤电行业的迅速扩张。1911 年，德国电力公司（RWE）建设了位于埃森的煤电厂，这是当时欧洲最大的煤电厂之一，其装机容量达到 400 MW，成为德国煤电行业发展的重要里程碑。20 世纪 20 年代，许多欧洲国家开始引进更先进的发电技术，逐步研发出更先进的燃煤锅炉和蒸汽轮机，大幅提高了煤电的发电效率和热能利用率。这一时期，英国的煤电行业特别突出，1926 年建成的伦敦电力公司（London Power Company）煤电厂，通过利用新型高效锅炉和发电设备实现电力生产效率的大幅提高。此外，法国也在这一时期扩展了其煤电设施，巴黎附近的拉布赫煤电厂（La Bourboule Power Plant）成为国家电力供应的支柱。但由于后续的两次世界大战，煤电行业也成为战后重建工作的重点。20 世纪 40 年代末至 50 年代初，欧洲各国纷纷启动重建计划，重建煤电基础设施。在英国，政府于 1947 年推出了《电力法》（*Electricity Act*），旨在规范电力行业和促进电力供应的均衡，帮助英国在战后迅速恢复煤电生产。

（3）转型发展阶段（20 世纪中叶至今）

进入 20 世纪中叶以后，随着公众环保意识逐渐觉醒和全球气候变化日益严峻，各国政府开始重视能源结构的调整和优化。为了减少对煤炭等化石燃料的依赖并降低温室气体排放，各国政府纷纷出台一系列政策措施以推动能源转型。这些政策包括提高煤炭发电的环保标准、鼓励可再生能源的发展及推广清洁能源技术等。

在美国，煤电行业面临着来自环保政策和市场竞争的双重压力。一方面，政府不断提高煤炭发电的环保标准并推动可再生能源的发展，在 1970 年和 1990 年先后修订了《清洁空气法》（*Clean Air Act*），要求电力公司安装脱硫装置和脱硝装置，以减少二氧化硫和氮氧化物的排放，大幅减少了煤电厂的污染物排放，对改善空气质量起到了关键作用。另一方面，天然气等清洁能源的兴起使煤电在市场上的竞争力逐渐下降。为应对这些挑战，美国煤电行业开始积极寻求转型之路。一些企业开始投资可再生能源项目以实现多元化，另一些企业则通过技术创新和产业升级来提高煤电的生产效率和环保性能。

2.3.1.2 发展现状

随着可再生能源等技术的发展，气候和生态限制下监管压力的增加，国际能源转型趋势越发凸显，越来越多的国家或地区相继宣布淘汰燃煤发电，全世界煤电装机增长速度明显放缓，煤电投资减少。根据国际能源署（IEA）数据，2022 年全球煤电装机容量约 2 130 GW。

根据英国石油公司（BP）发布的《世界能源统计年鉴（2023 年）》可知，2022 年全球燃煤发电为 10 317.2 TW · h 时，占全部发电量的 35.4%，相较 2017 年的 38.4% 有小幅下降。从地区分布来看，2022 年亚太地区燃煤发电为 8 120.1 TW · h，占所有地区燃煤发电量的 78.7%，较 2021 年上升 0.8%。北美洲、中南美洲的燃煤发电量均呈现下降趋势；欧洲、非洲则呈现上升趋势；位居燃煤发电量前三的国家（地区）分别为中国、印度、美国。

欧盟、美国等先进国家（地区）煤电转型效果显著。根据欧洲环境署（EEA）数据，到 2022 年年底，欧盟成员国的煤电装机容量约为 155 GW，约占电力总装机容量的 14%。欧盟的《气候协议》目标是在 2030 年之前减少 40% 的温室气体排放，并在 2050 年实现气候中立。得益于对煤电的严格环保标准和对清洁能源的政策支持，传统煤电厂陆续关闭，促进天然气和可再生能源的发展。根据美国能源信息署（EIA）的数据，截至 2022 年年底，美国的煤电装机容量约为 235 GW，约占电力总装机容量的比例不到 20%，相较 2010 年下降超过 50%。

亚太其他发展中国家，如印度尼西亚和越南，通过扩展煤电基础设施规模，以支持其快速增长的能源需求。这些国家的煤电发展面临环保压力与经济需求的矛盾，尽管可再生能源的发展不断加速，但煤电依然在其能源结构中占据重要位置。印度作为全球第二大煤电市场，在推动可再生能源发展方面取得进展，并在煤电厂排放标准方面采取了一些措施，2022 年煤电装机容量约达到 250 GW，约占总电力装机容量的 60%，仍是主要电力来源。

2.3.2　国内煤电行业发展历程与现状

2.3.2.1　发展历程

火力发电作为我国当前最主要的发电动力，包含燃煤发电、燃气发电、垃圾焚烧发电等。其中，燃煤发电是以燃烧煤炭的方式，通过锅炉产生蒸汽推动汽轮机高速旋转，带动发电机产生电力，实现化学能到电能的过程转换。自中华人民共和国成立以来，燃煤发电无论是从装机容量比重还是从发电量比重来看，都处于我国电力的绝对主导地位。历史实践证明，煤电好则电力兴，煤电稳则电力强；煤电是支撑我国电力工业体系的“顶梁柱”，是保障电力系统安全可靠运行的“稳定器”。

在我国煤电行业的发展历程中，可以依据两个关键的历史节点——“改革开放”和“电力体制改革”，将其划分为 3 个阶段：初期建设时期（1949—1978 年）、电力体制改革时期（1979—2002 年）及电力体制改革后期（2003 年至今）。

（1）初期建设时期为中华人民共和国成立之后的 30 年。此时，我国正在从战争破坏中逐步恢复，国家发展处于摸索前进阶段，经济基础极为薄弱，整体电力十分短缺，煤炭在能源结构中的占比达 95% 以上，是名副其实推动发展的“动力之源”。在这个阶段，苏联等先进国家或地区的技术援助起到了关键作用，推动完成阜新、抚顺等多家重要燃煤电厂的建设，总容量达到 136.5 万 kW。与此同时，燃煤机组制造业也迎来了显著的技术飞跃。自 1952 年引进捷克斯洛伐克的中压燃煤机组制造技术后，次年我国又成功引进了苏联的中高压燃煤机组技术。这些技术引进为使我国逐步掌握领域核心技术和后续燃煤发电领域的高速发展奠定了坚实的基础。在 1956—1958 年的短短两年间，我国不仅深化技术理解，还成功研发出一系列不同功率的燃煤机组。全国煤电装机容量从 1949 年的 1.69 GW 增长至 1957 年年底的 3.62 GW，标志着燃煤发电技术逐步迈上新台阶。1956 年第一套 6 000 kW 煤电机组在安徽淮南电厂胜利投入运行，标志着煤电机组国产制造的开端，此后国产煤电机组的容量不断提高，1967 年国产第一台 10 万 kW 煤电发电机组在高井发电厂安装成功，实现了早期电力装备制造的技术积累。

但由于技术设计、制造质量及操作管理等方面的不足，许多燃煤机组面临运行困境。为此，我国通过采取优化项目建设、提升运维管理能力等措施，加大国产 25 MW、50 MW 和 100 MW 机组制造技术研发力度，全国煤电装机容量逐步实现稳步增长，在 1965 年年底达到 12.06 GW 的新高度。1966—

1976 年，我国更是成功投产国产超高压 125 MW、200 MW 机组及亚临界 300 MW 机组，装机容量年均增长率约为 9.5%。经过 30 年的努力，我国煤电行业通过技术引进、消化吸收与自主创新，逐步构建了以 10 万 kW 及以下煤电机组为主的电力体系。

（2）电力体制改革时期是指从 1978 年我国实行改革开放政策到 2002 年。1978 年年底，我国传统的电力体制已经不能适应国民经济改革新形势的需求，发电机装机缺口达 1 000 万 kW，发电量缺口达 400 亿 kW · h。改革开放后，在政策的刺激下，我国经济在 20 世纪 80 年代迅速增长，但煤电行业却面临着粗放经营转型难题，1980—1984 年煤电装机容量的平均增长率仅为 4.4%。与快速发展的经济相比，煤电建设已经落后于正常供电的要求。为避免电力不足影响经济发展速度，1985 年 5 月，国务院颁布《关于鼓励集资办电和实行多种电价的暂行规定》，拉开电力体制改革的帷幕。通过实行集资办电、多渠道筹资办电、还本付息等系列政策，有效缓解电力短缺问题。大量的国产燃煤发电机组陆续建设安装，包括相当数量的小型燃煤发电机组。引进型 300 MW、600 MW 亚临界燃煤机组也先后于 1985 年和 1987 年试制成功，标志着中国大容量、高参数煤电机组自主化制造的开端。

在多种电价和鼓励竞争等有效政策的激励下，我国煤电行业发展迅速，在发展规模、建设速度和技术水平上不断刷新纪录，总装机规模和总发电量先后超过法国、英国、加拿大、德国、俄罗斯和日本，从 1996 年年底开始仅居美国之后，位列全球第二。全国电力供需矛盾开始有所缓和，基本消除了电力对国民经济和社会发展的瓶颈制约。然而，1985—1995 年安装的大量效率低下、污染严重的小机组开始显现出不足，年利用小时数低和净循环利用率高成为制约我国煤电行业发展的主要问题。此时，《中华人民共和国电力法》《中华人民共和国节约能源法》等法律法规陆续出台，要求能源开发与节约并重，强调加大环境保护力度，开始要求和鼓励发展洁净煤技术，通过引进大容量、高参数先进技术与设备，建设大型煤电机组。1998 年，国务院印发《关于深化电力工业体制改革有关问题的意见》，开始实行“厂网分开、政企分开”的政策，有效促进煤电行业市场化进程。在接下来的几年，新的煤电项目建设受到严格控制，许多小型燃煤电厂被关闭，许多电力建设企业甚至被迫解散，整体煤电行业发展速度逐渐放缓，1999—2002 年煤电装机容量平均增长率仅为 6.1%。

（3）电力体制改革后期是从实施电力体制改革（2003 年）至今。2002 年，国务院印发《电力体制改革方案》，实行“厂网分开、竞价上网”，力求构建政府监管下的政企分开、公平竞争、开放有序、健康发展的电力市场体系，打破了电力纵向垄断的局面，开始引入市场竞争机制。在亚洲金融危机结束经济复苏的大环境下，2004—2007 年煤电企业建设再次出现井喷，煤电装机容量最高年增长率达到 23.7%。体制改革虽然推动了煤电产业的迅速发展，但是无序的煤电建设也带来严重的资源浪费、环境污染等问题。相较大容量煤电机组，煤电小机组能耗较大、污染较重，成为后续发展的“绊脚石”。2007 年，国家发展改革委与能源办发布了《关于加快关停小火电机组若干意见》，开始采取“上大压小”政策，即关停小机组，新建 60 万 kW 及以上的大机组，提高能源效率、降低能源强度及减少污染物排放。据统计，“十一五”时期（2006—2010 年），全国累计关停煤电小机组约 7 000 万 kW，2010 年煤电装机容量增速仅为 4.2%。进入“十二五”时期（2011—2015 年），我国进一步加快大容量环保煤电机组的建设，单机 30 万 kW 及以上机组比重上升到 78.6%，单机 60 万 kW 及以上机组比重提升至 41%，我国发电装机容量与发电量超过美国，成为世界第一电力大国。为继续落实淘汰落后产能政策，2011—2013 年我国关停煤电小机组约 1 000 万 kW，大部分关停的煤电机组运行寿命已超过 20 年，容量均低于 20 万 kW，平均供电煤耗也在逐年下降。由于我国电力供需已达到基本平衡的状态，再加上 2005 年《中华人民共和国可再生能源法》等法规出台，公众逐渐意识到气候变化与环境保护的重要性，新能源发电装机容量不断爬升，燃煤发电企业发电设备利用小时数持续下降。2015 年，全国 6 000 kW 及以上火电厂发电设备利用小时数为 4 329 h，同比减少 410 h，是 1978 年以来的最低水平。

2.3.2.2　发展现状

（1）装机容量

由《中国电力行业年度发展报告（2023）》可知，截至 2022 年年底，火电全口径发电装机容量 133 329 万 kW，较 2021 年增长 2.8%，其中燃煤发电装机容量为 112 434 万 kW，占火电装机容量的 84.33%。分区域看，华北区域燃煤发电装机容量为 31 804 万 kW；东北区域燃煤装机容量占本区域装机容量的 49.5%，比 2021 年下降 3.5%；华东区域燃煤发电装机容量为 22 654 万 kW，占本区域装机容量的 47.4%，比 2021 年下降 2.9%；华中区域燃煤发电装机容量为 17 173 万 kW，占本区域装机容量的 36.0%，同比增长 2.5%；西北区域燃煤发电装机容量为 17 029 万 kW，占本区域装机容量的 52.4%，同比增长约 1.0%；南方区域燃煤发电装机容量约占本区域装机容量的 33.5%。可以看出，东北区域为全国燃煤装机规模最大的区域，西北区域仍以燃煤发电作为主要电源，这主要是因为近年来东南沿海地区加大力度推进新能源发电、水电等清洁能源发电，加快电源结构优化调整步伐，燃煤发电逐步向基础保障性和系统调节性电源转型，占有比例逐年下降。

（2）供电煤耗

煤炭作为我国能源结构的主体，是我国能源安全的“压舱石”。国家通过强化煤电保供稳价作用，多次强调煤电对能源电力安全稳定供应的重要性，并通过落实电价、财税、金融等纾困支持政策，加强煤电中长期合同履约监管，确保煤炭供应稳定、价格平稳。因此，煤炭的长期稳定供应对保障煤电生产、用电需求具有重要意义。国内生产方面，根据国家统计局数据，2022 年全国原煤产量 45.0 亿 t，同比增长 9.0%；国际进口方面，由于国际能源供需形势复杂严峻，煤炭价格大幅上涨，根据海关总署统计的数据，2022 年我国进口煤炭达到 2.9 亿 t，进口量同比下降 9.2%，但是进口金额同比上涨 22.2%，反映出全球煤价总体在上升。2016—2022 年，全国 6 000 kW 及以上火电厂供电标准煤耗如图 2.1 所示。

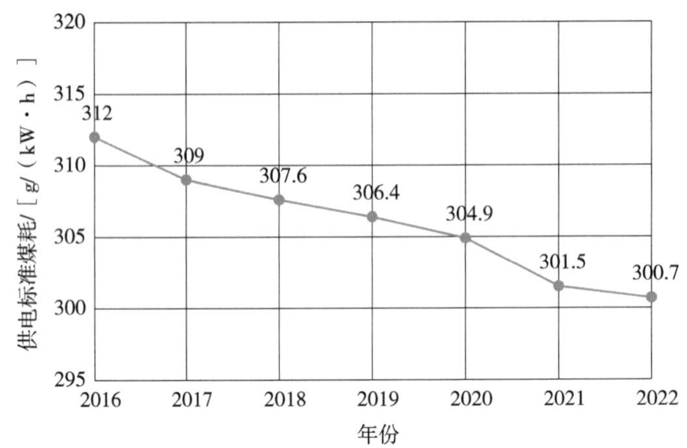

图 2.1　2016—2022 年全国 6 000 kW 及以上火电厂供电标准煤耗

我国电力能效水平稳步提升，保持在世界先进水平。由于煤电装机容量持续占火电 80% 以上，因此大型火电厂供电标准煤耗的下降主要源于煤电企业的改变。2022 年，我国 6 000 kW 及以上火电厂供电标准煤耗为 300.7 g/（kW·h），比 2016 年的 312 g/（kW·h）降低 11.3 g/（kW·h），下降幅度达到 3.6%。

通过统计 2016—2022 年我国大型企业煤电机组对标能效指标，目前我国应用较多的机组类型包括 100 万 kW 级超超临界纯凝湿冷、100 万 kW 级超超临界纯凝空冷、60 万 kW 级超超临界纯凝湿冷、60 万 kW 级超超临界纯凝空冷、60 万 kW 级超临界纯凝湿冷、60 万 kW 级超临界纯凝空冷等 6 种燃煤机组。2022 年，这 6 种燃煤机组的供电煤耗分别为 281.29 g/（kW·h）、295.07 g/（kW·h）、287.36 g/（kW·h）、299.47 g/（kW·h）、302.72 g/（kW·h）、315.43 g/（kW·h）；厂用电率分别为 4%、4.7%、4.35%、4.81%、5.26%、5.99%。与 2016—2022 年的年度平均值相比，各类型燃煤机组的供电煤耗均出现小幅下降，湿冷类型机组厂用电率均有所上升，空冷类型厂用电率则有所下降。如表 2.1 所示。

表 2.1　全国主流燃煤机组供电煤耗及厂用电率情况（2016—2022 年）

年度	100 万 kW 级超超临界纯凝*湿冷燃煤机组（100% 平均值）		100 万 kW 级超超临界纯凝空冷燃煤机组（100% 平均值）	
	供电煤耗 /［g/（kW·h）］	厂用电率 / %	供电煤耗 /［g/（kW·h）］	厂用电率 / %
2022	281.29	4	295.07	4.7
2021	281.75	3.9	296.92	4.95
2020	283.59	3.93	298.77	5.2
2019	282.95	3.9	298.88	4.93
2018	283.76	3.97	299.07	6.27
2017	283.22	3.92	298.42	5.88
2016	285.02	4.03	—	—
平均值	283.08	3.95	297.86	5.32
年度	60 万 kW 级超超临界纯凝湿冷燃煤机组（100% 平均值）		60 万 kW 级超超临界纯凝空冷燃煤机组（100% 平均值）	
	供电煤耗 /［g/（kW·h）］	厂用电率 / %	供电煤耗 /［g/（kW·h）］	厂用电率 / %
2022	287.36	4.35	299.47	4.81
2021	286.65	4.22	300.18	4.97
2020	287.54	4.22	300.78	5.11
2019	287.91	4.16	298.65	5.2
2018	287.08	4.13	298.4	5.16
2017	287.92	4.16	301.25	5.1
2016	289.12	4.22	299.46	4.84
平均值	287.65	4.21	299.74	5.03
年度	60 万 kW 级超临界纯凝湿冷燃煤机组（100% 平均值）		60 万 kW 级超临界纯凝空冷燃煤机组（100% 平均值）	
	供电煤耗 /［g/（kW·h）］	厂用电率 / %	供电煤耗 /［g/（kW·h）］	厂用电率 / %
2022	302.72	5.26	315.43	5.99
2021	302.14	4.88	313.91	6.13
2020	302.71	4.86	315.99	6.26

续表

年度	60 万 kW 级超临界纯凝湿冷燃煤机组（100% 平均值）		60 万 kW 级超临界纯凝空冷燃煤机组（100% 平均值）	
	供电煤耗 / [g/（kW·h）]	厂用电率 / %	供电煤耗 / [g/（kW·h）]	厂用电率 / %
2019	302.14	4.78	316.4	6.09
2018	302.93	4.84	316.51	6.02
2017	302.9	4.83	317.35	6.2
2016	303.9	4.79	318.27	6.35
平均值	302.78	4.89	316.27	6.15

注：* 总热比≤9.9% 视为纯凝机组。

数据来源：2017 年度至 2023 年度《中国电力行业年度发展报告》。

2.4 煤电行业减污现状及挑战

2.4.1 煤电行业污染物排放现状

近年来，国家持续加大打好污染防治攻坚战力度，煤电行业积极贯彻落实国家各项节能减排政策要求，主要大气污染物、废水排放水平及大宗固体废物综合利用呈现持续向好态势，为全国主要污染物减排、环境质量改善作出巨大贡献。与此同时，生态环境主管部门持续加大对煤电行业的环保监管与执法力度，对主要排放口、无组织排放源、电煤运输等环节严格管理，加强全过程污染排放管控。煤电企业及环保产业持续提升污染治理技术水平与管理水平，有效促进污染物排放持续下降。各污染物的排放现状如下。

（1）大气污染物

近 40 年来，我国煤电行业在大气污染物控制方面开展了大量工作，排放标准越来越严格，排放绩效越来越低，排放控制技术越来越先进。1973 年，我国颁布了《工业“三废”排放试行标准》，首次对大气污染物排放指标烟尘、二氧化硫的排放速率、烟囱高度提出要求，但未对排放浓度提出要求。

为防止燃煤电厂排放的大气污染物对环境造成进一步污染，并推动燃煤发电行业的污染防治技术进步与可持续发展，环境保护部门根据实际情况，先后于 1991 年、1996 年、2003 年及 2011 年对《火电厂大气污染物排放标准》进行了修订。2011 年修订版的《火电厂大气污染物排放标准》被誉为史上最严格的标准，规定燃煤电厂必须实施脱硫措施，并新增了烟气脱硝要求，同时首次将汞及其化合物列为污染物进行控制。

2014 年 9 月，国家发展改革委、环境保护部、国家能源局联合印发《煤电节能减排升级与改造行动计划（2014—2020 年）》，首次提出“超低排放”的概念，即新建和现役燃煤发电机组大气污染物排放浓度基本达到或接近燃气轮机组排放限值（表 2.2）。2015 年 12 月，环境保护部、国家发展改革委、国家能源局组织印发《全面实施燃煤电厂超低排放和节能改造工作方案》，要求到 2020 年全国所有具备改造条件的燃煤电厂以及新建燃煤发电机组均应力争实现超低排放。因此，超低排放和节能改造的政策落地成为促进煤电行业大气污染控制技术发展的重要因素，既有利于节能减排，也有利于促进煤电产业绿色转型升级。

表 2.2　燃煤电厂超低排放标准限值

污染物类型	烟尘	二氧化硫	氮氧化物
污染物浓度限值 /（mg/m^3）	10	35	50

注：基准氧含量 6% 条件下燃烧。

1979—2016 年，在火电发电量增长 17.5 倍的前提下，煤电行业烟尘排放量比峰值 600 万 t 下降了 94%，二氧化硫排放量比峰值下降了 87%，氮氧化物排放量比峰值下降了 85%。目前，煤炭电力产业所排放的大气污染物在全国总排放量中的占比逐渐降低，已不再构成主要的大气污染物排放源。

截至 2022 年年底，全国达到超低排放限值的煤电机组约 10.5 亿 kW，约占煤电总装机容量的 94%；全年煤电机组开展“三改联动”力度进一步提高，在支撑新型电力系统构建的同时，有利于降低主要大气污染物排放量。2022 年，全国火电烟尘、二氧化硫、氮氧化物排放总量分别为 9.9 万 t、47.6 万 t、76.2 万 t，全国单位火电发电量烟尘、二氧化硫、氮氧化物排放量[①]分别约为17 mg/（kW·h）、83 mg/（kW·h）、133 mg/（kW·h）。与2016年相比，单位火电发电量烟尘、二氧化硫、氮氧化物排放量分别下降63 mg/（kW·h）、307 mg/（kW·h）、227 mg/（kW·h），下降幅度分别为78.8%、78.7%、63.1%。如图2.2～图2.4所示。

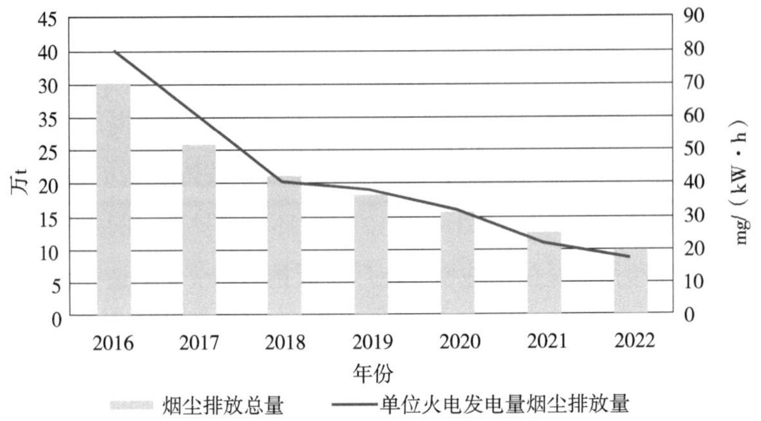

图2.2 2016—2022年全国6 000 kW及以上火电厂烟尘排放变化情况

注：烟尘排放量统计范围为全国装机容量6 000 kW及以上火电厂。

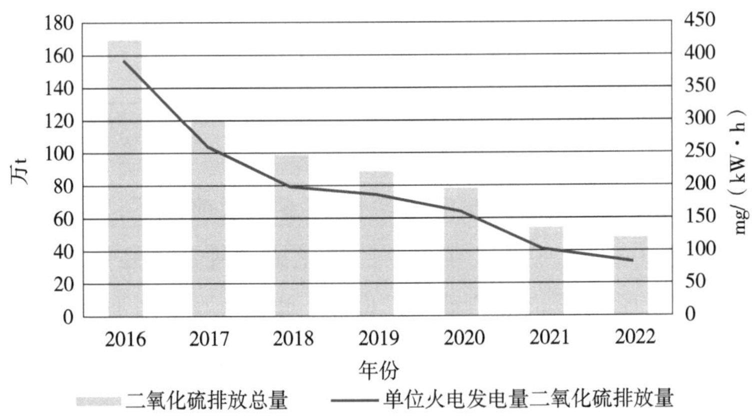

图2.3 2016—2022年全国6 000 kW及以上火电厂二氧化硫排放变化情况

注：二氧化硫排放量统计范围为全国装机容量6 000 kW及以上火电厂。

① 现阶段无单独煤电统计口径数据，考虑到煤电装机容量占火电80%以上，且火电大气污染物排放变化主要源于煤电行业的节能改造、技术升级，因此直接用火电统计口径的污染物排放量来表征。

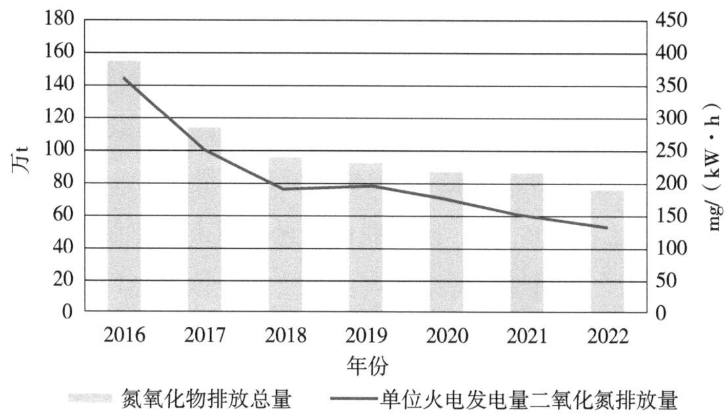

图 2.4　2016—2022 年全国 6 000 kW 及以上火电厂氮氧化物排放变化情况

注：氮氧化物排放量统计范围为全国装机容量 6 000 kW 及以上火电厂。

（2）废水污染物

火电厂单位发电量耗水量与单位发电量废水排放量同步呈现平缓下降趋势。2022 年，全国火电厂单位发电量耗水量为 1.17 kg/（kW·h），与 2021 年同比持平，较 2016 年的 1.3 kg/（kW·h）下降 10%；全国装机容量 6 000 kW 及以上的火电厂单位发电量废水排放量为 50 g/（kW·h），比上年下降 2 g/（kW·h），较 2016 年的 61 g/（kW·h）下降 18%。如图 2.5 所示。

图 2.5　2016—2022 年全国火电厂单位发电量耗水量、废水排放量情况

（3）固体废物

煤电行业常见的大宗工业固体废物主要有粉煤灰与脱硫石膏。受燃煤量持续增加等因素，我国粉煤灰与脱硫石膏的产生量连年持续增加，2022 年全国火电厂粉煤灰产生量为 6.43 亿 t、脱硫石膏产生量约为 9 490 万 t，分别较 2021 年增加 0.21 亿 t、305 万 t。随着我国“无废城市”建设的推进，我国工业大宗固体废物综合利用规模持续扩大，2022 年全国火电厂粉煤灰综合利用量为 4.35 亿 t、脱硫石膏综合利用量约为 6 650 万 t，粉煤灰、脱硫石膏综合利用率分别为 67.7%、70.1%。如图 2.6、图 2.7 所示。

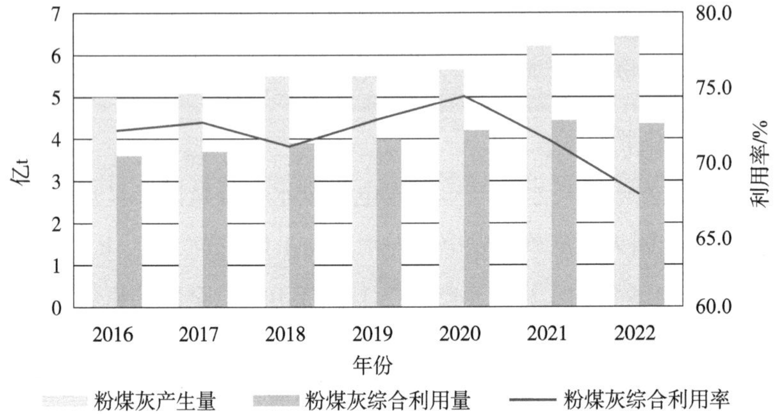

图 2.6　2016—2022 年全国火电厂粉煤灰产生与利用情况

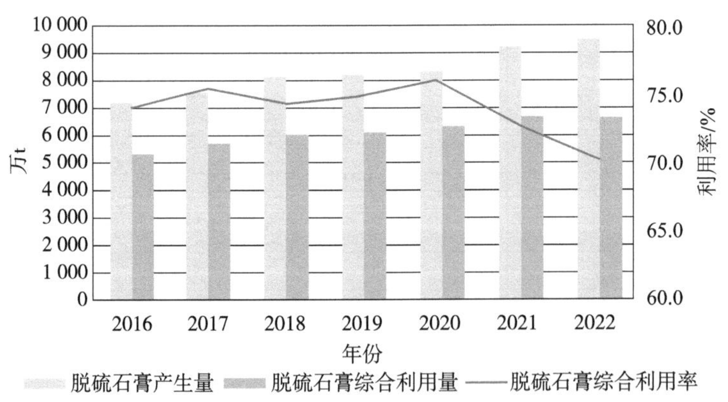

图 2.7　2016—2022 年全国火电厂脱硫石膏产生与利用情况

2.4.2 煤电行业减污应对的挑战

在能源结构转型和环境保护的双重推动下，我国煤电行业发展的主要限制因素发生了悄然的转变。过去，这些限制因素主要集中在常规污染物排放的控制上，现在则更加聚焦于紧迫的低碳议题，强调在减少污染和降低碳排放方面实现协同增效。清洁低碳化不仅是煤电行业可持续发展的必由之路，更是应对全球气候变化的必然选择。当前，煤电行业作为治污减排的关键阵地，其环境污染防治任务异常艰巨，面临着既要保障国家能源安全稳定供应，又要实现绿色低碳转型的双重挑战。在这一背景下，煤电行业需积极拥抱变革，从三大环境要素出发，通过技术创新提升减污能效，为实现碳达峰、碳中和目标贡献力量。

一是提升大气污染物削减技术。煤电厂的大气污染治理设施是一个复杂的系统工程，锅炉的负荷波动与低氮燃烧、烟气除尘、脱硫、脱硝、深度净化等装置之间，既相互独立又相互联系，如何确保机组在稳定安全运行的前提下进一步提升污染物控制水平，是我国煤电机组减污面临的首要问题。目前，我国的污染物技术控制工作格局为：除尘技术以高效电除尘器、电袋复合除尘器和袋式除尘器为主；脱硫技术以石灰石－石膏湿法脱硫为主；脱硝技术中煤粉炉以低氮燃烧 +SCR 烟气脱硝技术为主；循环流化床锅炉以低氮燃烧 +SNCR 技术为主。国际能源署（IEA）根据全球各国（地区）当前的技术发展情况，综合制定了 2030 年的燃煤电厂污染物排放目标（烟尘 $<1\ mg/m^3$，二氧化硫 $<10\ mg/m^3$，氮氧化物 $<10\ mg/m^3$）。尽管我国现行《火电厂大气污染物排放标准》（GB 13223—2011）所规定的重点地区燃煤发电锅炉特别排放限值（烟尘 $<10\ mg/m^3$，二氧化硫 $<35\ mg/m^3$，氮氧化物 $<50\ mg/m^3$）堪称全球最为严苛的排放标准，但与国际能源署制定的 2030 年污染物排放目标相比，仍存在一定的差距。由此可见，我国燃煤发电行业在大气污染物控制技术方面尚需进一步努力，必须持续推动深度一体化协同控制技术的发展，实现技术上的重大突破，进一步降低煤电行业大气污染的排放量。

二是提高水资源利用技术水平。国际环保组织绿色和平发布的《中国煤电产能过剩与水资源压力研究报告》指出，我国近 50% 的燃煤发电机组位于水资源匮乏的高水压力地区，17 个省份将面临过剩产能和水资源紧张的双重压力。据调查，我国燃煤发电企业在水资源综合利用方面仍存在不少问题。具体而言，随着电厂频繁进行改造升级，其用水系统发生了显著变化，导致传统的水平衡测试等水务管理基础数据与当前现场实际情况存在较大偏差。此外，部分设施存在用水计量仪表配置不足的问题，难以准确监测和控制水资源的使用情况。更为严峻的是，部分企业的废水处理设施的自动化水平较低，缺乏有效的维护管理，这不仅导致设备故障频发，运行效率低下，还直接影响了废水的有效回收利用。因此，这些企业往往面临废水无法充分回用、整体用水量及排水量双双增加的困境。我国淡水资源较为贫乏，燃煤发电企业作为工业用水大户，应从保护生态环境、节约用水、可持续发展的角度出发，依据不同生产子系统对水品质要求的不同，遵循水资源的“串级使用、循环使用、废水回用”原则，废水进行“清浊分流”，加强电厂水务管理，进行节水技术改造，优化用水流程，减少新鲜水补充量，提高水资源的重复利用率，在实现“达标排放”的技术基础上进而达到“零排放”的目标。

三是拓宽固体废物资源化利用方向。煤电行业产生量较大的粉煤灰、脱硫石膏均属于大宗工业固体废物，尽管近年来其综合利用率稳定保持在 70% 以上，但是其综合利用方向主要集中在低附加值的水泥建材制造。根据《关于“十四五”大宗固体废弃物综合利用的指导意见》的要求，煤电行业理应加强技术创新，促进大宗固体废物实现绿色、高效、高质、高值、规模化利用，引导利用粉煤灰、脱硫石膏生产新型墙体材料、装饰装修材料等绿色建材，在风险可控的前提下深入推动农业领域应用和有价组分提取，加强大掺量和高附加值产品应用推广。由于我国煤电行业采用 SCR 脱硝技术的装机容量占总装机总量的 90% 以上，如何合规化、高值化处置利用废弃脱硝催化剂成为煤电行业面临的重点难题之一。此外，部分燃煤电厂正在逐步探索与可再生能源联营的运行模式，通过建设一体化发展的风光水火储多能互补综合能源基地，充分发挥煤电的兜底和调节作用，利用煤电机组调峰能力，平抑新能源电力的随机性和波动性对电网造成的冲击，提高新能源消纳水平。随着新能源产业的迅猛发展，以风电叶片和废旧光伏组件为代表的新兴固体废物需构建工业规模化回收处置模式。

四是解决煤电机组改造升级面临的挑战。为了减少煤电生产对生态环境的不良影响，我国已经连续实施了多轮煤电机组的改造升级工作。截至 2020 年年底，煤电节能改造的累计完成量已超过 8 亿 kW。在“十四五”规划中后期，煤电改造升级工作将持续推进，其规模预计将远超原定的 6 亿 kW 改造计划。在此过程中，煤电企业遭遇诸多难题：一方面，经过节能、灵活性以及供热改造的燃煤机组，在节能效果上虽有所提升，但在实际运行中，仍有部分机组出现煤耗增加的情况，或对锅炉、汽机等关键设备的可靠性造成一定影响；另一方面，由于煤电机组改造的范围、程度和效果存在较大差异，导致改造项目的经济性参差不齐，部分机组甚至出现经济性不佳或严重亏损的问题。针对改造过程中出现的投入产出比、设备可靠性、技术选择等问题，燃煤发电企业需结合机组实际情况、区域调节需求、能耗限额标准以及碳交易市场等因素，通过优化运行策略和增加科技投入等措施，确保各类改造工程的顺利进行。

2.5　煤电行业降碳现状及挑战

2.5.1　国内煤电行业碳排放现状

为推动煤电行业低碳转型，国家发展改革委、国家能源局联合印发了《煤电低碳化改造建设行动方案（2024—2027 年）》。该方案对存量煤电机组低碳化改造和新上煤电机组低碳化建设工作进行了部署，旨在提高煤炭清洁高效利用水平，并设置了分阶段降碳目标，提出到 2025 年和 2027 年煤电低碳化改造建设项目的单位度电碳排放，分别较 2023 年同类煤电机组平均碳排放水平降低 20% 左右和 50% 左右。这意味着到 2027 年，经过低碳化改造后的煤电机组，其碳排放水平将与天然气发电机组基本相当。

近年来，我国燃煤发电企业正在积极探索和应用多种低碳技术，包括生物质掺烧，绿氨掺烧，碳捕集、利用与封存等，度电碳排放水平有序下降。2022 年，全国单位火电发电量二氧化碳排放约为 824 g/（kW · h）。经历

2016—2017 年的碳排放增加后，2017—2022 年，我国单位火电发电量二氧化碳排放由 844 g/（kW · h）降至 824 g/（kW · h），呈现年均约 0.5% 的降低。如图 2.8 所示。

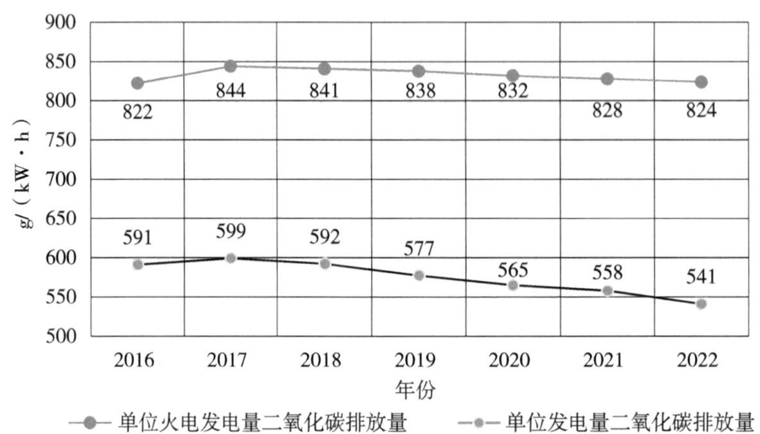

图 2.8　2016—2022 年全国电力碳排放情况

近年来，我国持续推动低碳能源发展，非化石能源在能源消费中的占比逐年提升，单位发电量二氧化碳排放量降低速率显著大于单位火电发电量二氧化碳排放量，且火电供电标准煤耗与单位火电发电量二氧化碳排放量呈现正相关性，这说明单位火电发电量二氧化碳排放量的降低很大程度依赖煤炭使用量的减少，发电结构的能源绿色转型对我国能源碳减排工作具有显著成效。

此外，煤电行业的高碳排放特征所带来的经济负外部性逐渐扩大，引入碳交易市场运行机制对煤电行业碳减排效应显著。据统计，按照“十二五”规划纲要要求，自 2011 年逐步建立碳排放交易市场并在 7 个省市启动碳排放权交易试点工作以来，试点地区煤电行业碳排放强度呈现逐年下降趋势，试点地区和非试点地区火电碳排放量均值降幅分别达到 30.92% 和 23.42%。2013 年各试点地区碳交易中心相继启动运行后，其对煤电行业的减排效应显著增强，试点地区和非试点地区火电行业碳排放量差距逐渐增大，试点地区碳排放量增速有所放缓，显著低于非试点地区。这是因为碳交易市场的运行促进了企业通过提升科技创新水平、降低能源消费水平、提高清洁能源发电量比例等措施来降低煤电行业碳排放强度。碳交易市场通过碳配额及 CCER 项目也能够有效推动煤电企业承担碳减排社会责任，倒逼高耗能、高排放企业进行设备改造与技术创新，同时推动清洁能源发电快速发展，促使能源结构不断优化，产业结构更趋合理。

2.5.2 国内煤电行业降碳应对的挑战

我国燃煤发电机组单位发电量产生的二氧化碳排放量为 760～920 g/（kW · h），而燃气发电单位发电量产生的二氧化碳排放量仅占燃煤发电的 45%～66%。因此，燃煤发电量产生的二氧化碳排放仍处于高位水平，见图 2.8。在“双碳”目标下，我国煤电行业亟待探寻既能满足能源系统需求又能兼顾碳减量政策的发展路径。作为减碳领域的“排头兵”，降低碳排放水平，推动能源低碳转型的重要途径，仍面临以下 4 个方面挑战。

一是降碳商业模式尚未成熟。以 CCUS 技术为例，尽管国内部分大型燃煤发电企业已提前部署相关项目建设，提前布局团队人员开展研究，但当前阶段仍旧面临应用成本高昂、源汇匹配困难等多方面挑战，距离大规模商业化运行仍有一段距离。据估算，加装 CCUS 设施的燃煤电厂发电效率会降低 20%～30%，发电成本升高约 60%。同时，由于现役燃煤电厂行业设备服役时间较短，强制退役将引起大量资产搁浅，金额可达 3.1 万亿～7.2 万亿元。为避免巨额资产搁浅和保证足够的资本回收时间，2030 年以后大量电力与工业基础设施的 CCUS 技术改造需求才会迅速涌现。

二是降碳激励体系有待完善。与国际上拥有丰富降碳项目经验的国家和地区相比，我国针对煤电企业的降碳相关政策还有待完善，商业模式还有待开发。国际经验表明，政府通过金融补贴、专项财税、强制性约束、碳定价机制等手段支持煤电企业实施碳减量，能大幅提高企业积极性，进而推动技术商业化。《2024—2025 年节能降碳行动方案》《煤电低碳化改造建设行动方案（2024—2027 年）》主要从宏观角度提出煤电企业的工作目标及技术工作路线，具体的保障措施较为宽泛，如加大资金支持力度、强化政策支撑保障、优先支持上网等，各地应因地制宜地制定细化的项目资金、政策支持方案，加快构建清洁低碳安全高效的新型能源体系，助力实现碳达峰、碳中和目标。

三是降碳技术亟须创新发展。降碳技术涵盖多种类型，不仅是以 CCUS、低碳燃料掺烧、新能源耦合发电为代表的减排技术，还包括节能技术（如二次再热超超临界技术、先进循环流化床技术）和灵活性技术（如提高变负荷速率调峰技术）。在“双碳”目标背景下，我国在煤电装机容量大、机组先进、煤耗和碳排放强度等方面接近或达到世界领先水平，成熟煤电技术发展迅速，但在先进节能技术、减排技术等碳减排技术方面，仍阶段性处于跟跑阶段。为此，应结合我国煤电生产特点，加快适合国情的碳减排技术研发和迭代升级避免技术锁定，保证成本能耗较低的新一代技术能够在窗口期广泛部署应用，发挥减排效益。研究认为，燃电机组混烧生物质和机炉灵活性改造技术是未来电力行业实现低碳和“近零”排放的重要发展方向，而加装 CCUS 和储能的煤电机组发电将承担起我国发电的基本负荷，实现化石能源发电“近零”排放。

四是降碳标准体系还需补齐短板。在指导煤电低碳转型的国家标准方面，目标导向、能源计量、能源管理、绩效评估和温室气体排放核算等方面已有一些标准成果。但是，多数国家标准的发布时间已超过 5 年，如《常规燃煤发电机组单位产品能源消耗限额》（GB 21258—2017）、《热电联产单位产品能源消耗限额》（GB 35574—2017）等强制性能耗限额标准还没有根据低碳转型的最新要求提升和优化相关技术指标，应尽快对其开展修订，抓紧提升技术水平，以先进指标引领行业节能降碳。部分领域如现役机组灵活性改造、CCUS 等关键技术标准、装备标准和验收评估标准等还存在一些空白或短板，难以满足煤电行业低碳转型的迫切需求。为此，应通过制定团体标准等方式加快标准供给，鼓励地方结合当地煤电行业结构和特点，依法制定和实施先进的煤电能耗限额标准，及时在国家标准中纳入先进适用的经验，带动国家标准持续更新升级。

CHAPTER 3

第 3 章

现行法律法规及政策制度

作为世界上最大的发展中国家和最大的碳排放国，我国郑重向世界宣示力争 2030 年前实现碳达峰、2060 年前实现碳中和的“双碳”目标，制定并出台“1+N”碳减排政策体系，包括实施基于固定上网电价补贴的可再生能源支持政策、可再生能源配额制下的绿色电力证书市场（简称绿色证书市场）和碳强度配额交易市场。本章将整体性披露现行法律法规及政策制度。

3.1 煤电行业法律法规要求

煤电行业的法律法规是一个多维度、多层次的法律体系，它不仅包含了国家对于煤炭电力生产的规范，也涵盖了环境保护、资源利用、安全生产、市场监管等多个方面。具体来说，这些法律法规主要涉及煤炭利用的法律规定与电力生产和供应的法规等部分，煤炭利用的法律规定包括煤炭利用过程中的环境保护、生态修复责任、煤炭清洁利用等方面的法律条文；而电力生产和供应的法规则涉及电力市场的构建、电力生产与运营的安全标准、电力业务的许可与监管、电价的制定与监管等法律制度。煤电行业主要法律法规如表 3.1 所示。

表 3.1 煤电行业主要法律法规

序号	发布时间	发布单位	法律法规	主要内容
1	2021 年 11 月	国家发展改革委	《电力可靠性管理办法（暂行）》	明确了电力可靠性监督管理的范围和对象，详细规定了电力可靠性管理的责任主体以及电力可靠性监督管理的制度和措施，对违反规定的电力企业和责任人设定了明确的处罚措施
2	2019 年 3 月	国务院	《中华人民共和国招标投标法实施条例》（2019 年修订）	规定了招投标活动应当遵循公开、公平、公正、诚实信用的原则，详细规定了招投标程序，评标委员会应当遵守评标纪律，客观、公正地进行评标，并对评标结果负责，中标人应当具备中标条件，中标结果应当公开透明，并对中标人不履行合同、擅自放弃中标项目等行为设置了相应的法律责任，对招投标活动的监管和法律责任进行了明确

续表

序号	发布时间	发布单位	法律法规	主要内容
3	2019 年 3 月	国务院	《电力供应与使用条例》（2019 年修订）	明确了电力供应与使用的管理体制和职责。规定了电力供应的基本要求，明确了电力使用的相关规定，对监督和管理进行了规定，对违反规定的行为设定了法律责任
4	2018 年 12 月	全国人大常委会	《中华人民共和国电力法》	规定了电力生产应当遵循安全、经济、环保的原则，采用先进技术，提高效率和效益。明确了电力监管机构的设置和职责，规定了电力市场的建立和运行规则，规定了电力违法行为的法律责任
5	2016 年 11 月	全国人大常委会	《中华人民共和国煤炭法》（2016 年修正版）	明确了煤炭资源属于国家的基本立场，对煤炭行业的安全生产和生态环境建设提出了严格要求，对煤炭行业的监管体制进行了规定
6	2021 年 6 月修订	全国人大常委会	《中华人民共和国安全生产法》（2014 年修正）	明确了安全生产工作的基本方针和要求，强化了生产经营单位的主体责任，加强了安全生产监督管理，强化了生产安全事故的应急救援和调查处理，严格设定了安全生产违法行为的法律责任
7	2013 年 1 月	国家发展改革委等	《粉煤灰综合利用管理办法》	提出了粉煤灰综合利用的原则和目标，规定了责任主体，提出了具体要求，对违反规定的行为设定了法律责任
8	2011 年 1 月	国务院	《电力设施保护条例》	明确了电力设施保护的法律地位和基本原则，对电力设施的保护措施作了详细规定，对电力设施保护的监督管理作了规定，规定了电力设施保护的奖励和惩罚措施
9	2011 年 1 月	国务院	《电网调度管理条例》（2011 年修订）	在保留原有条例基本框架的基础上，对电网调度管理的基本原则、管理体制、职责分工、调度运行、安全管理、监督检查等方面进行了全面细致的修订和完善

3.2　煤电行业执行标准

煤电行业的执行标准是确保该行业正常运行和可持续发展的关键因素，这些标准主要涉及环保、能效、质量及技术等方面（表 3.2）。

表 3.2　煤电行业主要标准规范

序号	标准号	标准名称
1	DL/T 1051—2019	《电力技术监督导则》
2	DL/T 783—2018	《火力发电厂节水导则》
3	DL/T 1695—2017	《火力发电厂烟气脱硝调试导则》
4	DL/T 5737—2016	《火力发电厂圆形贮煤仓施工技术规范》
5	DL/T 1619—2016	《火力发电厂袋式除尘器用滤袋技术要求》
6	DL/T 1495—2016	《火力发电厂脱硫石膏及浆液中水溶性氟离子的测定》
7	DL/T 1514—2016	《火力发电厂袋式除尘器用滤料寿命管理与评价方法》
8	DL/T 1546—2016	《火力发电厂锅炉袋式除尘器清灰装置技术条件》
9	DL/T 362—2016	《火力发电厂环保设施运行状况评价技术》
10	DL/T 748.10—2016	《火力发电厂锅炉机组检修导则　第 10 部分：脱硫系统检修》
11	DL/T 1477—2015	《火力发电厂脱硫装置技术监督导则》
12	DL/T 606.1—2014	《火力发电厂能量平衡导则　第 1 部分：总则》
13	DL/T 606.2—2014	《火力发电厂能量平衡导则　第 2 部分：燃料平衡》
14	DL/T 606.3—2014	《火力发电厂能量平衡导则　第 3 部分：热平衡》
15	DL/T 1337—2014	《火力发电厂水务管理导则》
16	DL/T 255—2012	《燃煤电厂能耗状况评价技术规范》
17	DL/T 262—2012	《火力发电机组煤耗在线计算导则》
18	DL/T 1175—2012	《火力发电厂锅炉烟气袋式除尘器滤料滤袋技术条件》
19	DL/T 606.5—2009	《火力发电厂能量平衡导则　第 5 部分：水平衡试验》
20	DL/T 997—2006	《火电厂石灰石－石膏湿法脱硫废水水质控制指标》
21	HJ 1178—2021	《工业锅炉污染防治可行技术指南》
22	HJ 2053—2018	《燃煤电厂超低排放烟气治理工程技术规范》
23	HJ 179—2018	《石灰石 / 石灰－石膏湿法烟气脱硫工程通用技术规范》

续表

序号	标准号	标准名称
24	HJ 178—2018	《烟气循环流化床法烟气脱硫工程通用技术规范》
25	HJ 991—2018	《污染源源强核算技术指南　锅炉》
26	HJ 888—2018	《污染源源强核算技术指南　火电》
27	HJ 2301—2017	《火电厂污染防治可行技术指南》
28	HJ 76—2017	《固定污染源烟气（SO_2、NO_x、颗粒物）排放连续监测系统技术要求及检测方法》
29	HJ 820—2017	《排污单位自行监测技术指南　火力发电及锅炉》
30	HJ 562—2010	《火电厂烟气脱硝工程技术规范选择性催化还原法》
31	HJ/T 255—2006	《建设项目竣工环境保护验收技术规范　火力发电厂》
32	GB/T 18916.1—2021	《取水定额　第 1 部分：火力发电》
33	NB/T 10509—2021	《水电建设项目水土保持技术规范》
34	GB 21258—2017	《常规燃煤发电机组单位产品能源消耗限额》
35	GB 5574—2017	《热电联产单位产品能源消耗限额》

为了减少煤电生产对环境的负面影响，规定了排放限值、废物处理和回收利用的环保标准。这些标准旨在控制温室气体排放，减少粉尘、有害液体或其他污染物的排放，以保护生态环境和公众健康。

提高能源效率是煤电行业执行标准的另一个重要方面。能效标准通过让企业采用先进技术和优化生产流程，旨在减少能源消耗并提高电力产出。这不仅有助于降低生产成本，还有助于减少对煤炭等有限资源的依赖。

为了确保电力的稳定供应和质量，执行标准需要涵盖电力生产、传输和分配的各个环节。质量标准规定了电压、频率、波形等参数的要求，以满足用户对电力质量和可靠性的需求。随着科技的不断进步，煤电行业需要不断更新和升级技术。技术标准涉及设备选型、系统设计、工艺优化等方面，旨在提高生产效率、降低成本，促进行业的可持续发展。

3.3　煤电行业政策要求

煤电行业的政策要求涉及多个方面，首先，国家和地方政府根据能源战略和环保要求，对煤电行业的投资、建设、生产、运营等各个环节制定了一系列政策和规范。这些政策和规范旨在引导煤电行业健康、有序、绿色、高效发展，确保电力供应的稳定和安全。

其次，环保政策是煤电行业政策要求的重要组成部分。为了应对全球气候变化和减少环境污染，政府对煤电行业的排放标准提出了严格的限制。

再次，能源政策也是煤电行业政策要求的重要方面。政府根据国家能源结构调整和能源发展“十四五”规划，对煤电行业的产能规模、结构调整、节能减排等方面提出了明确的目标和任务。煤电企业需要合理控制煤电规模，优化煤电结构，提高能源利用效率，减少能源消耗和碳排放。

最后，政府对煤电行业的价格政策、补贴政策、税收政策等进行了规定。煤电企业需要深入了解和遵守相关政策要求，积极进行转型升级，以适应国家能源发展战略和市场需求。

2013—2024 年煤电行业政策要求如表 3.3 所示。

表 3.3　2013—2024 年煤电行业政策要求

序号	发布时间	发布单位	政策名称	主要内容
1	2024 年 7 月	国家发展改革委、国家能源局	《煤电低碳化改造建设行动方案（2024—2027 年）》	到 2025 年，首批煤电低碳化项目开工，应用低碳发电技术，碳排放较 2023 年同类煤电机组下降 20%，探索转型经验。 到 2027 年，煤电低碳技术路线拓宽，成本下降，碳排放较 2023 年同类煤电机组下降 50%，接近天然气发电，引领煤电低碳转型
2	2024 年 5 月	国务院	《国务院关于印发〈2024—2025 年节能降碳行动方案〉的通知》	阐述了未来两年我国节能降碳工作的总体要求、主要任务和保障措施
3	2024 年 5 月	生态环境部	《火电行业建设项目温室气体排放环境影响评价技术指南（试行）》	明确了火电行业建设项目温室气体排放环境影响评价的目的、意义和基本流程，重点介绍了方法和技术，并对环境影响评价的结果应用进行了探讨

续表

序号	发布时间	发布单位	政策名称	主要内容
4	2024 年 3 月	国家能源局	《2024 年能源工作指导意见》	主要内容涵盖了未来一年我国能源领域的发展方向、工作重点和政策措施。强调了坚持和完善能源市场化改革，推动能源生产和消费革命，提高能源安全保障水平，促进能源行业高质量发展
5	2024 年 1 月	生态环境部	《火电行业建设项目温室气体排放环境影响评价指南》	明确了火电企业在进行温室气体排放评价时应遵循的原则和方法，提出了评价的基本流程和关键环节，并对评价报告的编制提出了具体要求
6	2023 年 11 月	国家发展改革委、国家能源局	《国家发展改革委 国家能源局关于建立煤电容量电价机制的通知》	煤电企业将根据其提供的电力容量获得相应的电价补偿，而这一电价补偿将与煤电企业的煤耗水平、环保标准等因素紧密相关。旨在通过设立合理的容量电价，保障电力系统的充足供应能力，避免因电力短缺导致的供电不稳定问题
7	2022 年 12 月	生态环境部	《企业温室气体排放核查技术指南 发电设施》	介绍了温室气体排放核查的基本概念、原理和方法，对排放源进行了详细的分类和解析，对排放监测、数据收集和报告提出了具体要求，针对排放削减和控制提供了建议和措施
8	2022 年 11 月	生态环境部	《企业温室气体排放核算与报告指南 发电设施》	介绍了企业发电设施的温室气体排放进行核算与报告的标准流程和方法
9	2022 年 6 月	生态环境部	《火电建设项目环境影响评价文件审批原则（试行）》	阐述了火电建设项目环境影响评价的基本原则、评价内容、评价方法和审批程序等方面的要求

续表

序号	发布时间	发布单位	政策名称	主要内容
10	2022 年 6 月	生态环境部、国家发展改革委等	《减污降碳协同增效实施方案》	提出了多项具体任务：优化能源结构，加强工业污染治理，提升农业可持续发展水平，发展循环经济，加强城市环境建设，强化生态保护
11	2022 年 6 月	国家发展改革委	《“十四五”可再生能源发展规划》	针对可再生能源的战略地位，提出：一是加大政策支持力度；二是优化可再生能源发展布局，推动区域协调发展；三是创新可再生能源技术；四是加强可再生能源人才培养；五是加强可再生能源宣传推广
12	2022 年 5 月	国家发展改革委、国家能源局	《国务院办公厅转发国家发展改革委　国家能源局关于促进新时代新能源高质量发展实施方案的通知》	优化新能源发展布局，加大新能源技术创新力度，加强新能源产业链建设，提高新能源政策支持力度，强化新能源监管和服务，加强国际合作与交流
13	2022 年 5 月	国家发展改革委	《煤炭清洁高效利用重点领域标杆水平和基准水平（2022 年版）》	合理确定指标，充分发挥导向作用；分类分批实施，滚动提升利用水平；完善支持政策，加快推动转型升级
14	2022 年 1 月	国家发展改革委、国家能源局	《“十四五”现代能源体系规划》	“十四五”时期能源发展的主要目标：能源供应更加稳定、可靠，能源消费结构持续优化，能源科技创新能力显著提升，能源体制机制更加完善，能源国际合作水平不断提高。到 2025 年，能源消费总量得到有效控制，能源结构进一步优化，非化石能源消费比重力争达到 20% 左右，清洁能源发电装机容量达到 10 亿 kW 以上

续表

序号	发布时间	发布单位	政策名称	主要内容
15	2022 年 1 月	国家能源局	《电力行业危险化学品安全风险集中治理实施方案》	对电力行业在危险化学品的存储、运输、使用等环节中存在的安全风险进行系统性的识别、评估、控制和管理的安全管理文件
16	2022 年 1 月	国家发展改革委、国家能源局	《国家发展改革委 国家能源局关于完善能源绿色低碳转型体制机制和政策措施的意见》	明确了我国能源绿色低碳转型的发展目标，提出了完善体制机制的措施，明确了具体内容，强调了加强组织领导、强化监督考核、深化国际合作等保障措施
17	2021 年 12 月	国务院	《“十四五”节能减排综合工作方案》	“十四五”时期节能减排的总体目标：到 2025 年，全国能源消费总量和强度分别比 2020 年下降 13.5% 和 16.5%，单位国内生产总值能耗和二氧化碳排放分别比 2020 年下降 13.5% 和 18%，各项污染排放物排放总量持续下降
18	2021 年 11 月	国家发展改革委、国家能源局	《全国煤电机组改造升级实施方案》	明确了煤电机组改造升级的目标、任务、重点措施和实施时间表，为我国煤电行业的转型升级提供了具体的指导和规划。核心目标是全国煤电机组平均供电煤耗降至 300 g/（kW·h）以下，污染物排放浓度达到国际先进水平，电力系统运行效率显著提高
19	2021 年 10 月	国务院	《国务院关于印发 2030 年前碳达峰行动方案的通知》	明确了我国在 2030 年前实现碳达峰的重要性和紧迫性，提出了具体的碳达峰行动方案，包括能源结构优化，提高能源利用效率，发展清洁能源，控制工业领域碳排放方面，推进低碳交通发展，加强碳汇能力建设

续表

序号	发布时间	发布单位	政策名称	主要内容
20	2021 年 9 月	中共中央、国务院	《中共中央国务院关于完整准确全面贯彻新发展理念做好碳达峰碳中和工作的意见》	旨在深化供给侧结构性改革，优化产业结构，提升产业素质，推动高质量发展。全文分为总则、产业结构调整的方向和重点、产业结构调整的禁止和限制措施以及附则四部分
21	2021 年 2 月	生态环境部	《碳排放权交易管理办法（试行）》	明确了碳排放权定义，规定了碳排放权的分配、调整、注销等具体管理流程。规定了碳排放权可以在符合条件的环境权益交易机构进行交易，对交易主体、交易程序、交易监管等方面进行了详细规定，明确了生态环境部门是碳排放权交易的主管部门，负责碳排放权交易的监督管理工作。规定了碳排放权交易过程中的信息披露、报告、核查等要求
22	2020 年 4 月	国家发展改革委、生态环境部、工业和信息化部	《电力行业（燃煤发电企业）清洁生产评价指标体系》	一套全面评估燃煤发电企业在清洁生产方面的表现的标准和准则。该体系主要从生产过程、能源消耗、资源利用、环境保护和可持续发展等方面，对燃煤发电企业的清洁生产水平进行综合评价
23	2019 年 4 月	生态环境部	《全国碳排放权交易市场建设方案（发电行业）》	明确了建立全国碳排放权交易市场的总体要求，提出了碳排放权交易市场的制度框架，明确了发电行业碳排放权交易的具体措施，提出了加强碳排放权交易市场建设的保障措施

续表

序号	发布时间	发布单位	政策名称	主要内容
24	2017 年 8 月	国家发展改革委、国家能源局	《关于推进供给侧结构性改革防范化解煤电产能过剩风险的意见》	针对我国当前煤电产能过剩的问题，提出了一系列改革措施，以推进供给侧结构性改革为主线，旨在防范和化解煤电产能过剩的风险，促进能源行业的可持续发展
25	2017 年 1 月	环境保护部	《关于发布〈火电厂污染防治技术政策〉的公告》	规定了新建燃煤发电项目原则上应采用 60 万 kW 以上超超临界机组，平均供电煤耗低于 300 g 标准煤 /（kW · h）。优先淘汰改造后仍不符合能效、环保等标准的 30 万 kW 以下机组。若飞灰工况比电阻超出 $1 \times 10^4 \sim 1 \times 10^{11}$ Ω · cm，建议优先选择电袋复合或袋式技术等标准
26	2017 年 1 月	环境保护部	《火电厂污染防治技术政策》	全面阐述了火电厂在建设和运行过程中应遵循的环境保护原则、技术要求和实施措施。明确指出火电厂污染防控的总目标是减少污染物排放，提高能源利用效率，保障人民群众身体健康和生态环境的可持续发展
27	2016 年 4 月	国家发展改革委、国家能源局	《国家发展改革委 国家能源局关于促进我国煤电有序发展的通知》	建立风险预警机制，严控煤电总量规模，有序推进煤电建设，加大监管管理处置力度
28	2016 年 4 月	国家发展改革委、国家能源局等	《关于印发〈热电联产管理办法〉的通知》	明确了热电联产项目的范围、管理职责、审批程序、技术要求、运行维护等方面的规定。同时，对热电联产项目的优惠政策进行了详细说明

续表

序号	发布时间	发布单位	政策名称	主要内容
29	2015 年 12 月	环境保护部	《全面实施燃煤电厂超低排放和节能改造工作方案》	核心目标是推进我国燃煤电厂的环境保护和能源效率提升，确保电力行业的可持续发展。强调了超低排放标准的贯彻实施，提出了节能改造的措施，相关部门将制订详细的实施计划和时间表，强调了人才培养和技术创新的重要性
30	2015 年 11 月	国家发展改革委、国家能源局	《国家发展改革委 国家能源局关于做好电力项目核准权限下放后规划建设有关工作的通知》	为了进一步深化电力体制改革，提高电力项目的核准效率，国家发展改革委和国家能源局决定将电力项目核准权限下放至地方政府
31	2014 年 5 月	国家发展改革委、环境保护部	《关于严格控制重点区域燃煤发电项目规划建设有关要求的通知》	强调了对环境保护和大气污染防治的高度重视，旨在通过严格的项目审批标准和环保要求，降低燃煤发电对空气质量的影响
32	2013 年 3 月	环境保护部	《燃煤火电企业环境守法导则》	提出了依法生产、污染防治、资源节约和生态保护的基本原则，对燃煤火电企业在环境守法方面的具体要求进行了详细规定，提出了燃煤火电企业应采取的管理措施

3.4 煤电行业合法合规要求

根据煤电行业政策、法律法规以及执行的标准要求，汇总煤电行业合法合规对照自查情况如表 3.4 所示。

表 3.4　燃煤电厂环保合法合规核对清单

类别		序号	法律法规、标准政策	具体要求
大气污染防治	通用	1	《中华人民共和国大气污染防治法》（2018年修订）	（1）对大气污染物进行监测，并保存原始监测记录，重点排污单位应当安装并使用大气污染物排放自动监测设备，与生态环境主管部门监控设备联网，依法公开排放信息。 （2）向大气排放污染物的，应当符合大气污染物排放标准，遵守重点大气污染物排放总量控制要求。 （3）贮存煤炭、煤矸石、煤渣、煤灰、水泥、石灰、石膏、砂土等易产生扬尘的物料应当密闭；不能密闭的，应当设置不低于堆放物高度的严密围挡，并采取有效覆盖措施防治扬尘污染。 （4）运输煤炭、垃圾、渣土、砂石、土方、灰浆等散装、流体物料的车辆，应采取密闭或者其他措施防止物料遗撒。 （5）装卸物料应采取密闭或者喷淋等方式控制扬尘排放
	排放限值	2	《火电厂大气污染物排放标准》（GB 13223—2011）、《锅炉大气污染物排放标准》（DB 44/765—2019）、《煤电节能减排升级与改造行动计划（2014—2020年）》（发改能源〔2014〕2093号）、《广东省煤电节能减排升级与改造行动计划（2015—2020年）》（粤发改能电函〔2015〕2102号）、《关于高质量推进实施燃煤锅炉超低排放的意见（征求意见稿）》	燃煤电厂大气污染物排放限值要求：现行标准为GB 13223—2011、DB 44/765—2019，但在超低排放改造要求和电价补贴政策下，广东省各地燃煤电厂已执行超低排放限值要求，即在基准氧含量6%条件下，烟尘、二氧化硫、氮氧化物排放浓度分别不高于10 mg/m^3、35 mg/m^3、50 mg/m^3。 （1）现行国家标准为GB 13223—2011，要求重点地区燃煤锅炉烟尘、二氧化硫、氮氧化物、汞及其化合物排放浓度分别不高于20 mg/m^3、50 mg/m^3、100 mg/m^3、0.03 mg/m^3； （2）现行地方标准为DB 44/765—2019，要求珠三角地区燃煤锅炉烟尘、二氧化硫、氮氧化物、汞及其化合物排放浓度分别不高于30 mg/m^3、100 mg/m^3、200 mg/m^3、0.05 mg/m^3； （3）根据《煤电节能减排升级与改造行动计划（2014—2020年）》（发改能源〔2014〕2093号）、《全面实施燃煤电厂超低排放和节能改造工作方案》（环发〔2015〕164号）、《广东省煤电节能减排升级与改造行动计划（2015—2020年）》（粤发改能电函〔2015〕2102号）的要求，东部地区（辽宁、北京、天津、河北、山东、上海、江苏、浙江、福建、广东、海南等11省市）新建燃煤发电机组大气污染物排放浓度基本达到燃气轮机组排放限值，即在基准氧含量6%条件下，烟尘、二氧化硫、氮氧化物排放浓度分别不高于10 mg/m^3、35 mg/m^3、50 mg/m^3； （4）根据《关于高质量推进实施燃煤锅炉超低排放的意见（征求意见稿）》，自备电厂及65 t以上（含）燃煤锅炉（不含层燃炉、抛煤机炉），在基准氧含量6%条件下，烟尘、二氧化硫、氮氧化物排放浓度分别不高于10 mg/m^3、35 mg/m^3、50 mg/m^3。达到超低排放的燃煤锅炉及自备电厂每月生产时间至少95%以上时段排放浓度小时均值满足以上要求

续表

类别		序号	法律法规、标准政策	具体要求
大气污染防治	脱硫设施	3	《石灰石 / 石灰 - 石膏湿法烟气脱硫工程通用技术规范》（HJ 179—2018）、《火电厂烟气治理设施运行管理技术规范》（HJ 2040—2014）、《燃煤发电机组脱硫电价及脱硫设施运行管理办法》、《火电厂污染防治可行技术指南》（HJ 2301—2017）	（1）脱硫效率达到设计和环评批复要求，石灰石 / 石灰 - 石膏湿法脱硫效率为 95.0%～99.7%； （2）脱硫设施投运率应达到 100%
		4		装脱硫设施的发电企业要保证脱硫设施正常运行，不得无故停运。需要改造、更新脱硫设施，因脱硫设备维修需暂停脱硫设施运行的发电企业，需提前报请所在省级环保部门批准并报告省级电网企业；省级环保部门在收到申请后 10 个工作日内作出决定，逾期视为同意。遇事故停运应立即报告
		5		煤电厂（机组）应建立脱硫设施运行台账，记录脱硫设施运行和维护、烟气连续监测数据、机组负荷、燃料硫分分析和脱硫剂的用量、厂用电率、脱硫副产物处置、旁路挡板门启停时间、运行事故及处理等情况，并接受省级发展改革（经贸）、价格、环保部门核查
		6		烟气自动在线监控系统发生故障不能正常采集、传输数据的，燃煤电厂应在事故发生后立即报告所在省（区、市）环保部门及电网企业
		7		吸收系统钙硫比（Ca/S）不宜超过 1.03
		8		采用石灰石为吸收剂时，吸收塔浆液的 pH 宜控制在 5.2～5.8。采用石灰为吸收剂时，吸收塔浆液的 pH 宜控制在 5.2～6.2；密度（一般为 1 050～1 300 kg/m^3）控制在合理范围，且在线表计显示准确（pH 计不显示或异常情况要关注表计的校准和维护台账记录）； 部分脱硫浆液 pH 维持在较低区间（4.5～5.3），以确保石灰石溶解和脱硫石膏品质，部分脱硫浆液 pH 则提高至较高区间（5.8～6.4），提高对烟气中 SO_2 的吸收效率

续表

<table>
<tr><th colspan="2">类别</th><th>序号</th><th>法律法规、标准政策</th><th>具体要求</th></tr>
<tr><td rowspan="2">大气污染防治</td><td rowspan="2">脱硫设施</td><td>9</td><td rowspan="2">《石灰石 / 石灰 - 石膏湿法烟气脱硫工程通用技术规范》（HJ 179—2018）、《火电厂烟气治理设施运行管理技术规范》（HJ 2040—2014）、《燃煤发电机组脱硫电价及脱硫设施运行管理办法》、《火电厂污染防治可行技术指南》（HJ 2301—2017）</td><td>石灰石 - 石膏湿法脱硫主要工艺参数及效果：
<table>
<tr><th>项目</th><th>单位</th><th colspan="3">工艺参数及效果</th></tr>
<tr><td>吸收塔运行温度</td><td>℃</td><td colspan="3">50～60</td></tr>
<tr><td>空塔烟气流速</td><td>m/s</td><td colspan="3">3～3.8</td></tr>
<tr><td>喷淋层数</td><td>—</td><td colspan="3">3～6</td></tr>
<tr><td>钙硫摩尔比</td><td>—</td><td colspan="3"><1.05</td></tr>
<tr><td>液气比*</td><td>L/m^3</td><td colspan="3">12～25（空塔技术）；
6～18（pH 分区技术）；
10～25（复合塔技术）</td></tr>
<tr><td>浆液 pH</td><td>—</td><td colspan="3">4.5～6.5</td></tr>
<tr><td>石灰石细度</td><td>目</td><td colspan="3">250～325</td></tr>
<tr><td>石灰石纯度</td><td>%</td><td colspan="3">>90</td></tr>
<tr><td>系统阻力损失</td><td>Pa</td><td colspan="3"><2 500</td></tr>
<tr><td>脱硫石膏纯度</td><td>%</td><td colspan="3">>90</td></tr>
<tr><td>脱硫效率</td><td>%</td><td colspan="3">95.0～99.7</td></tr>
<tr><td>入口烟气 SO_2 浓度</td><td>mg/m^3</td><td colspan="3">≤12 000</td></tr>
<tr><td>出口烟气 SO_2 浓度</td><td>mg/m^3</td><td colspan="3">达标排放或超低排放</td></tr>
<tr><td>入口烟气粉尘浓度</td><td>mg/m^3</td><td>30～50</td><td>20～30</td><td><20</td></tr>
<tr><td>出口颗粒物浓度</td><td>—</td><td>达标排放：
可采用湿电，实现颗粒物超低排放</td><td>可采用复合塔脱硫技术协同除尘或采用湿电，实现颗粒物超低排放</td><td>可采用复合塔脱硫技术协同除尘，实现颗粒物超低排放</td></tr>
<tr><td colspan="5">注：* 液气比具体数值与燃煤含硫量有关。</td></tr>
</table></td></tr>
<tr><td>10</td><td>中控脱硫系统实时数据和历史数据指标应完整、稳定，无异常，无偏离正常设计值</td></tr>
</table>

续表

类别		序号	法律法规、标准政策	具体要求
大气污染防治	脱硝设施	11	《火电厂烟气脱硝工程技术规范　选择性催化还原法》（HJ 562—2010）、《火电厂烟气治理设施运行管理技术规范》（HJ 2040—2014）	脱硝设施投运率应达到 98%
		12		氨逃逸质量浓度宜小于 2.5 mg/m³（查看历史曲线）
		13		SO_2/SO_3 转化率应不大于 1%
		14		脱硝系统的烟气压降宜小于 1 400 Pa，系统漏风率宜小于 0.4%
		15		脱硝出口氮氧化物含量浓度与总排口氮氧化物含量浓度进行对比，差异不宜过大（可查看历史曲线）
		16		观察中控脱硝系统实时数据和历史数据指标完整、稳定，无异常，无偏离正常设计值（采用 SCR 工艺，控制温度一般为 300～400℃，脱硝效率为 70%～80%）
		17		SCR 脱硝技术主要工艺参数及效果：

项目		单位	主要工艺参数及效果
入口烟气温度		℃	一般在 300～420 之间
入口 NO_x 浓度		mg/m³	≤1 000（由实际烟气参数确定）
氨氮摩尔比		—	≤1.05（由脱硝效率和逃逸氨浓度确定，一般取 0.8～0.85）
反应器入口烟气参数的偏差数值		—	速度相对偏差≤ ± 15% 温度相对偏差≤ ± 15℃ 氨氮摩尔比相对偏差≤ ± 5% 烟气入射角度≤ ± 10°
催化剂	种类	—	根据烟气中灰的特性确定
	层数（用量）	层	2～5（根据反应器尺寸、脱硝效率、催化剂种类及性能确定）
	空间速度	h^{-1}	2 500～3 000
	烟气速度	m/s	4～6
	催化剂节距	—	根据烟气中灰的特性确定
脱硝效率		%	50～90
逃逸氨浓度		mg/m³	≤2.5
SO_2/SO_3 转化率		%	燃煤硫分低于 1.5% 时，宜低于 1.0 燃煤硫分高于 1.5% 时，宜低于 0.75
阻力		Pa	＜1 400
NO_x 排放浓度		—	达标排放或超标排放

续表

类别		序号	法律法规、标准政策	具体要求
大气污染防治	除尘设施	18	《火电厂烟气治理设施运行管理技术规范》（HJ 2040—2014）	静电除尘器：电压、电流有无异常波动，异常波动是否有正当理由并有记录可查
		19		静电除尘器：除尘器各电场的投运率应达到100%
		20		布袋除尘器：除尘器压差、喷吹压力有无异常波动，异常波动是否有正当理由并有记录可查
		21		湿式静电除尘器：电压、电流、冲洗水压力有无异常波动，异常波动是否有正当理由并有记录可查
		22		中控烟尘实时数据和历史数据指标应完整、稳定，无异常，无突高
	无组织废气	23	《火电厂污染防治可行技术指南》（HJ 2301—2017）	煤炭装卸、输送与贮存的扬尘防治技术： （1）运输煤炭、垃圾、渣土、砂石、土方、灰浆等散装、流体物料的车辆应当采取密闭或者其他措施防止物料遗撒造成扬尘污染，并按照规定路线行驶。 （2）装卸物料应当采取密闭或者喷淋等方式防治扬尘污染。 （3）水路来煤时，专用卸煤码头的设计应符合JT J 211和GB 50192的环保要求，卸船机械宜采用桥式抓斗绳牵引式卸船机、封闭式螺旋卸船机。汽车来煤时，受煤站宜采用缝式煤槽装置，除汽车进出端外应采取封闭措施。铁路来煤时，卸煤设施除火车进出端外应采取封闭措施。 （4）厂内煤炭输送过程中，输煤栈桥、输煤转运站应采用密闭措施，也可采用圆管带式输送机，并根据需要配置除尘器。除尘器可根据煤炭挥发分的实际情况选择袋式除尘器或干式电除尘器及冲击式、水激式、文丘里式等湿法除尘器与湿式电除尘器的组合。湿式除尘所产生的含煤皮水需进行处理。 （5）厂内煤炭贮存宜采取封闭式煤场。封闭式煤场可以采用条形封闭煤场、圆形封闭煤场、筒仓式煤场等。煤场内应设喷水装置，防止煤堆自燃。不能封闭的煤场可考虑采用防风抑尘网，风力4级以上天气情况下，防风抑尘网的减风率应大于60%。贮煤场应根据环保要求、气候特征、储煤量等因素选择适宜的扬尘防治措施

续表

类别		序号	法律法规、标准政策	具体要求
大气污染防治	无组织废气	24	《火电厂污染防治可行技术指南》（HJ 2301—2017）	脱硫剂装卸、输送与贮存的扬尘防治技术： （1）常用脱硫剂为石灰或石灰石粉。 （2）装卸作业扬尘防治宜采用密闭罐车配置卸载设备，如罗茨风机。 （3）运输扬尘防治应采用密闭罐车。 （4）贮存扬尘防治应采用筒仓贮存配袋式除尘器，受料时排气中粉尘的分离与收集也应采用袋式除尘器
		25		灰场扬尘防治技术： （1）电厂灰场应分块使用，尽量缩小作业面。 （2）对于干灰场，调湿灰通过自卸密封车运至灰场，及时铺平、洒水、碾压，风速较大时应暂停作业，必要时可进行覆盖。 （3）对于水灰场，应保证灰场表面覆水
	烟气排放连续监测系统（CEMS）	26	《固定污染源烟气（SO_2、NO_x、颗粒物）排放连续监测技术规范》（HJ 75—2017）	监测站房内需具有湿度计和温度计，现场张贴运行管理规章制度，运维管理人员需具有证书（均需现场查看是否具备）
		27		台账检查：日常巡检、CEMS 零点 / 量程漂移与校准记录表、CEMS 校验测试记录表、CEMS 维修记录表、易耗品更换记录表、标准气体更换记录表等现场记录台账。 （1）各类台账填写是否完整，是否有相互矛盾之处，是否有相关人员签字； （2）调出开展校准等工作日期的监测历史数据进行对比，查看是否对应
		28		校准、校验或维护时的在线监测数据是否保持不变？需要上传并进行标记
		29		查看各污染物历史曲线和报表是否稳定达标

续表

<table>
<tr><th colspan="2">类别</th><th>序号</th><th>法律法规、标准政策</th><th>具体要求</th></tr>
<tr><td rowspan="5">水污染防治</td><td rowspan="5">脱硫废水</td><td>30</td><td rowspan="5">《火电厂石灰石－石膏湿法脱硫废水水质控制指标》（DL/T 997—2020）</td><td>沉降箱 pH、出水箱 pH、浊度、COD 控制范围符合操作规范（沉降箱 pH 一般控制在 9.5 ± 0.3，出水箱 pH 一般控制在 6～9，浊度一般控制在 70 mg/L 以内，COD 一般控制在 150 mg/L 以内）</td></tr>
<tr><td>31</td><td>pH 计、浊度仪需定期校验和比对</td></tr>
<tr><td rowspan="2">32</td><td>脱硫废水水质需满足《燃煤电厂石灰石－石膏湿法脱硫废水水质控制指标》（DL/T 997—2020）的要求</td></tr>
<tr><td>
<table>
<tr><th>序号</th><th>污染物</th><th>控制值[a]</th></tr>
<tr><td>1</td><td>总汞</td><td>0.05</td></tr>
<tr><td>2</td><td>总镉</td><td>0.1</td></tr>
<tr><td>3</td><td>总铬</td><td>1.5</td></tr>
<tr><td>4</td><td>总砷</td><td>0.5</td></tr>
<tr><td>5</td><td>总铅</td><td>1.0</td></tr>
<tr><td>6</td><td>总镍</td><td>1.0</td></tr>
<tr><td>7</td><td>总锌</td><td>2.0</td></tr>
<tr><td>8</td><td>pH</td><td>6～9</td></tr>
<tr><td>9</td><td>悬浮物</td><td>70</td></tr>
<tr><td>10</td><td>化学需氧量[b]</td><td>150</td></tr>
<tr><td>11</td><td>氨氮</td><td>25</td></tr>
<tr><td>12</td><td>氟化物</td><td>30</td></tr>
<tr><td>13</td><td>硫化物</td><td>1.0</td></tr>
<tr><td colspan="3">注：[a] 污染物的控制值以日均值计。
[b] 化学需氧量的数值要扣除随工艺水补充水带入系统的部分。</td></tr>
</table>
</td></tr>
<tr><td>33</td><td>大修前后除尘器、脱硫、脱硝设施应有性能测试报告</td></tr>
</table>

续表

类别		序号	法律法规、标准政策	具体要求
水污染防治	原水处理	34	《火电厂污染防治可行技术指南》（HJ 2301—2017）	工业废水全部处理，不存在未经处理直接排放行为。 环评废水要求全部回用的现场核实回用情况
		35		含煤废水处理设施如沉煤池、过滤器等应设在煤场附近，收集处理含煤废水，处理后用于煤场喷淋或输煤栈桥冲洗； 现场核实含煤废水处理情况，包括污泥处置情况
		36		有废水排放的，应现场检查废水在线监测系统，废水排放量、污染物指标情况应满足要求
		37		废水处理与回用可行技术路线：（见下表）

废水种类	主要污染因子	可行技术	去向或回用途径
锅炉酸洗废水	COD、SS、pH 等	氧化、混凝、澄清	集中处理站
锅炉非经常性废水	pH、SS 等	沉淀、中和	集中处理站
酸碱废水	pH	中和	烟气脱硫系统
煤泥废水	SS	混凝、澄清、过滤	重复利用
冲灰废水	SS、pH 等	加阻垢剂	闭路循环
含油废水	油、SS	油水分离	煤场喷洒
脱硫废水	pH、SS、COD、重金属等	石灰处理、混凝、澄清、中和	干灰调湿、灰场喷洒、冲渣水、冲灰水或达标排放
		石灰处理（双碱法处理）、混凝、澄清、中和、膜软化、膜浓缩、蒸发干燥或蒸发结晶	喷雾蒸发干燥时脱硫废水进入烟气。蒸发结晶时脱硫废水蒸发的水汽冷凝后可在厂内利用，结晶盐外运综合利用
氨区废水	氨氮、pH	中和	回用

续表

<table>
<tr><th colspan="2">类别</th><th>序号</th><th>法律法规、标准政策</th><th>具体要求</th></tr>
<tr><td>水污染防治</td><td>原水处理</td><td>37</td><td>《火电厂污染防治可行技术指南》（HJ 2301—2017）</td><td>续表
<table>
<tr><th>废水种类</th><th>主要污染因子</th><th>可行技术</th><th>去向或回用途径</th></tr>
<tr><td>生活污水</td><td>COD、BOD、SS</td><td>（1）二级生化处理；
（2）膜生物反应器工艺</td><td>绿化、集中处理站</td></tr>
<tr><td>冲渣水</td><td>SS、pH</td><td>沉淀、中和</td><td>重复利用</td></tr>
<tr><td>主厂房冲洗水</td><td>SS</td><td>混凝、澄清</td><td>集中处理站</td></tr>
<tr><td>补期雨水</td><td>SS、油等</td><td>不处理或混凝、澄清</td><td>集中处理站</td></tr>
<tr><td>锅炉排污水</td><td>温度</td><td>—</td><td>冷却水系统或化水系统</td></tr>
<tr><td>循环冷却系统排水</td><td>盐类</td><td>反渗透等除盐工艺</td><td>除灰、脱硫、喷洒等利用或除盐后回冷却系统</td></tr>
<tr><td>直流冷却系统排水</td><td>温度</td><td>—</td><td>直接排入水环境</td></tr>
<tr><td>高含盐废水（反渗透浓水、循环水排污等）</td><td>盐类</td><td>石灰处理、絮凝、沉淀、超滤、反渗透</td><td>回冷却系统、脱硫系统等</td></tr>
</table></td></tr>
<tr><td rowspan="3">排放口标识</td><td>通用</td><td>38</td><td rowspan="3">《排污单位污染物排放口二维码标识技术规范》（HJ 1297—2023）</td><td>（1）排放口标识正确且有二维码；
（2）排放口基本信息，包括排放口编号、排放口名称、排放口类型</td></tr>
<tr><td rowspan="2">二维码</td><td>39</td><td>排污单位基本信息，包括排污单位名称、排污许可证编号、管理类别、单位住所、行业类别、生产经营场所所在地、有效期限、发证日期等</td></tr>
<tr><td>40</td><td>大气污染物排放口基本数据服务内容：
（1）大气污染物排放口基本信息，包括排放口编号、排放口名称、排放口类型。
（2）大气污染物排放口许可管理要求，包括污染物排放种类、污染物排放标准名称、许可排放浓度、许可排放速率、许可排放量、监测技术、监测频次等。
（3）特殊时段禁止或者限制大气污染物排放的要求</td></tr>
</table>

续表

类别		序号	法律法规、标准政策	具体要求
排放口标识	二维码	41	《排污单位污染物排放口二维码标识技术规范》（HJ 1297—2023）	水污染物排放口基本数据服务内容： （1）水污染物直接排放口信息，排放口信息包括排放口名称、排放口编号、排放口类型、排放去向、排放规律、排放时段、污染物排放种类、污染物排放标准名称、许可排放浓度、许可排放量、监测技术、监测频次；对应的入河入海排污口信息，包括入河入海排污口名称、入河入海排污口编号、入河入海排污口审批、备案及登记文号（如有）；受纳水体信息，包括受纳水体名称、受纳水体使用功能、汇入受纳水体位置等。 （2）水污染物间接排放口信息，包括排放口编号、排放口名称、排放口类型、排放去向、排放规律、排放时段、受纳污水处理厂名称、污染物种类、排水协议规定的浓度限值、国家或地方污染物排放标准浓度限值、执行的污染物排放标准名称、许可排放浓度、许可排放量、监测技术、监测频次等。 （3）雨水排放口信息，包括排放口编号、排放口名称、排放去向、受纳水体名称、受纳水体使用功能、汇入受纳水体位置等
		42		排放口污染物排放信息基本数据服务内容： （1）与排放口相关的污染物实际排放量、实际排放浓度、实际排放速率等。 （2）污染防治设施的建设运行情况。 （3）水污染物排入市政排水管网的，还应当包括污水接入市政排水管网位置、排放方式等信息

续表

类别		序号	法律法规、标准政策	具体要求
在线监测	通用	43	《污染源自动监控管理办法》	第十四条　自动监控系统的运行和维护，应当遵守以下规定： （一）自动监控设备的操作人员应当按国家相关规定，经培训考核合格、持证上岗； （二）自动监控设备的使用、运行、维护符合有关技术规范； （三）定期进行比对监测； （四）建立自动监控系统运行记录； （五）自动监控设备因故障不能正常采集、传输数据时，应当及时检修并向环境监察机构报告，必要时应当采用人工监测方法报送数据。 第十五条　自动监控设备需要维修、停用、拆除或者更换的，应当事先报经环境监察机构批准同意。 环境监察机构应当自收到排污单位的报告之日起 7 日内予以批复；逾期不批复的，视为同意
		44		监测站房是否符合规范要求（有无运维规章制度与相关记录台账，房间是否上锁）
		45		自动监控设施安装（一般火电企业安装进出口两套监测系统）、运行和维护是否符合要求，包括自动监控测点安装位置（是否位于旁路烟道之后的混合烟道中）、自动监控设施标准气体、自动监控设施数据的准确性和真实性、自动监控数据有效性审核、自动监控设施运行维护记录、自动监控设施联网情况、自动监控人员持证上岗情况
		46		在线监控设施监测指标是否全面（火电企业一般包括废气量、烟尘、SO_2、NO_x、温度等指标）
		47		观察是否存在导致在线数据不真实的各种因素，如仪器设备存在问题、仪器量程过高、人为造假、维护不当等

续表

类别		序号	法律法规、标准政策	具体要求
固体污染防治	通用要求	48	《中华人民共和国固体废物污染环境防治法》《广东省固体废物污染环境防治条例》	（1）产生、收集、贮存、运输、利用、处置固体废物的单位和个人，应当采取措施，防止或者减少固体废物对环境的污染，对所造成的环境污染依法承担责任。 （2）产生、收集、贮存、运输、利用、处置固体废物的单位和其他生产经营者，应当采取防扬散、防流失、防渗漏或者其他防治污染环境的措施，不得擅自倾倒、堆放、丢弃、遗撒固体废物。 （3）转移固体废物出省、自治区、直辖市行政区域贮存、处置的，应当向固体废物移出地的省、自治区、直辖市人民政府生态环境主管部门提出申请。 （4）产生工业固体废物的单位应当建立健全工业固体废物产生、收集、贮存、运输、利用、处置全过程的污染环境防治责任制度，建立工业固体废物管理台账，如实记录产生工业固体废物的种类、数量、流向、贮存、利用、处置等信息，实现工业固体废物可追溯、可查询，并采取防治工业固体废物污染环境的措施。 （5）产生工业固体废物的单位委托他人运输、利用、处置工业固体废物的，应当对受托方的主体资格和技术能力进行核实，依法签订书面合同，在合同中约定污染防治要求

续表

类别		序号	法律法规、标准政策	具体要求
固体污染防治	一般工业固废	49	《环境保护图形标志——固体废物贮存（处置）场》（GB 15562.2—1995）及修改单	灰库、渣库、石膏库、石子煤、废水处理污泥等一般工业固体废物的贮存场所： （1）贮存场标志牌设置要求： 平面悬挂尺寸：48 cm × 30 cm； 底色：绿色； 字体：黑体字，白色。 （2）贮存场编号：按照 TS001、TS002 依次填写（根据排污许可证编号内容填写）。 （3）悬挂位置：一般悬挂于工业固体废物贮存场外墙壁醒目处
		50	《一般工业固体废物贮存和填埋污染控制标准》（GB 18599—2020）	灰库、渣库、石膏库、石子煤、废水处理污泥等一般工业固体废物的贮存场所： （1）贮存场、填埋场的防洪标准应按重现期不小于 50 年一遇的洪水位设计，国家已有标准提出更高要求的除外。 （2）贮存场和填埋场一般应包括以下单元： ①防渗系统、渗滤液收集和导排系统； ②雨污分流系统； ③分析化验与环境监测系统； ④公用工程和配套设施； ⑤地下水导排系统和废水处理系统（根据具体情况选择设置）
		51	《一般工业固体废物管理台账制定指南（试行）》（生态环境部公告 2021 年　第 82 号）	参考文件中附表的格式对一般工业固体废物进行台账管理

续表

类别		序号	法律法规、标准政策	具体要求	
固体污染防治	危险废物	52	《危险废物识别标志设置技术规范》（HJ 1276—2022）	危险废物标签： （1）危险废物标签应包含废物名称、废物类别、废物代码、废物形态、危险特性、主要成分、有害成分、注意事项、产生 / 收集单位、联系人和联系方式、产生日期、废物重量及备注。应设置二维码。 （2）危险废物标签的设置位置应明显可见且易读，不应被容器、包装物自身的任何部分或其他标签遮挡	
		53		危险废物贮存设施的标识： （1）危险废物贮存、利用、处置设施标志还应包含危险废物设施所属的单位名称、设施编码、负责人及联系方式。 （2）危险废物贮存、利用、处置设施标志宜设置二维码，对设施使用情况进行信息化管理	

续表

类别		序号	法律法规、标准政策	具体要求
固体污染防治	危险废物	54	《危险废物识别标志设置技术规范》（HJ 1276—2022）	危险废物贮存分区标志： （1）危险废物贮存分区标志应包含但不限于设施内部所有贮存分区的平面分布、各分区存放的危险废物信息、本贮存分区的具体位置、环境应急物资所在位置以及进出口位置和方向。 （2）危险废物贮存单位可根据自身贮存设施建设情况，在危险废物贮存分区标志中添加收集池、导流沟和通道等信息 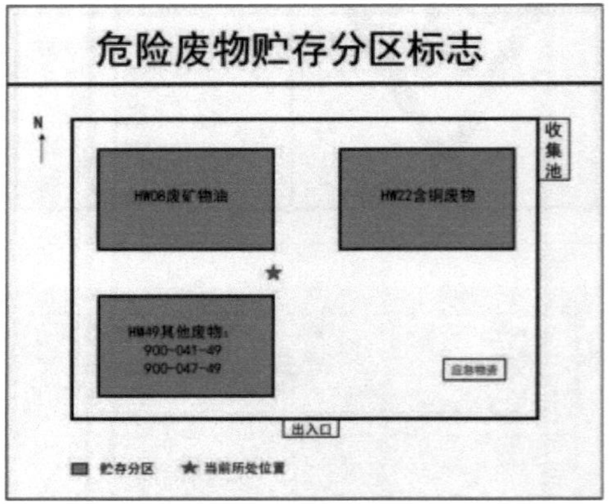
		55	《危险废物贮存污染控制标准》（GB 18597—2023）	一般规定： （1）贮存设施应根据危险废物的形态、物理化学性质、包装形式和污染物迁移途径，采取必要的防风、防晒、防雨、防漏、防渗、防腐以及其他环境污染防治措施，不应露天堆放危险废物。 （2）贮存设施或贮存分区内地面、墙面裙脚、堵截泄漏的围堰、接触危险废物的隔板和墙体等应采用坚固的材料建造，表面无裂缝。 （3）贮存设施地面与裙脚应采取表面防渗措施；表面防渗材料应与所接触的物料或污染物相容，可采用抗渗混凝土、高密度聚乙烯膜、钠基膨润土防水毯或其他防渗性能等效的材料

续表

类别		序号	法律法规、标准政策	具体要求
固体污染防治	危险废物	56	《危险废物贮存污染控制标准》（GB 18597—2023）	贮存库要求： （1）贮存库内不同贮存分区之间应采取隔离措施。隔离措施可根据危险废物特性采用过道、隔板或隔墙等方式。 （2）在贮存库内或通过贮存分区方式贮存液态危险废物的，应具有液体泄漏堵截设施，堵截设施最小容积不应低于对应贮存区域最大液态废物容器容积或液态废物总储量 1/10（二者取较大者）；用于贮存可能产生渗滤液的危险废物的贮存库或贮存分区应设计渗滤液收集设施，收集设施容积应满足渗滤液的收集要求。 （3）贮存易产生粉尘、VOCs、酸雾、有毒有害大气污染物和刺激性气味气体的危险废物贮存库，应设置气体收集装置和气体净化设施；气体净化设施的排气筒高度应符合 GB 16297 要求
		57		环境监测要求： （1）贮存设施的环境监测应纳入主体设施的环境监测计划。 （2）贮存设施无组织气体排放监测因子应根据贮存废物的特性选择具有代表性且能表征危险废物特性的指标；采样点布设、采样及监测方法可按 HJ/T 55 的规定执行，VOCs 的无组织排放监测还应符合 GB 37822 的规定。 （3）贮存设施恶臭气体的排放监测应符合 GB 14554、HJ 905 的规定
		58	《危险废物管理计划和管理台账制定技术导则》（HJ 1259—2022）	产生危险废物的单位应根据危险废物产生、贮存、利用、处置等环节的动态流向，如实建立各环节的危险废物管理台账，记录内容参见技术导则附录 B
		59	《关于进一步加强危险废物规范化环境管理有关工作的通知》（环办固体〔2023〕17 号）	自 2024 年 1 月 1 日起，危险废物环境重点监管单位应通过国家固体废物系统生成并领取危险废物电子标签标志二维码；按照国家关于制定危险废物电子管理台账的要求，建立与国家固体废物系统实时对接的电子管理台账

续表

类别		序号	法律法规、标准政策	具体要求
排污许可管理	排污许可证申领及后续管理	60	《排污许可管理办法》（自 2024 年 7 月 1 日起施行）	（1）排污单位在填报排污许可证申请表时，应当承诺排污许可证申请材料的完整性、真实性和合法性，承诺按照排污许可证的规定排放污染物，落实排污许可证规定的环境管理要求，并由法定代表人或者主要负责人签字或者盖章。 （2）排污单位应当按照排污许可证规定的格式、内容和频次要求记录环境管理台账。 （3）排污单位应当按照排污许可证规定和有关标准规范，依法开展自行监测，保存原始监测记录。原始监测记录保存期限不得少于 5 年。 （4）排污单位应当按照排污许可证规定的执行报告内容、频次和时间要求，在全国排污许可证管理信息平台上填报、提交排污许可证执行报告
		61	《排污许可管理条例》（自 2021 年 3 月 1 日起施行）	（1）排污单位应当按照生态环境主管部门的规定建设规范化污染物排放口，并设置标志牌。污染物排放口位置和数量、污染物排放方式和排放去向应当与排污许可证规定相符。 （2）实行排污许可重点管理的排污单位，应当依法安装、使用、维护污染物排放自动监测设备，并与生态环境主管部门的监控设备联网
		62	《火电行业排污许可证申请与核发技术规范》	（1）废气产污环节分为锅炉烟气、输煤转运站、石灰石筒仓、灰库、储煤设施等。 （2）废水类别包括原水预处理废水、锅炉补给水处理废水、油罐区废水、输煤系统废水、脱硫废水、脱硝废水、除尘废水、循环冷却系统排水、直流冷却水排水、锅炉酸洗废水等。 （3）火电企业废气主要排放口包括锅炉烟囱和燃气轮机组烟囱，废气一般排放口包括输煤转运站排气筒、采样间排气筒等；火电企业废水排放口为一般排放口。 （4）火电企业应当开展自行监测的污染源包括产生有组织废气、无组织废气、生产废水、生活污水的全部污染源；污染物包括烟尘、二氧化硫、氮氧化物、汞及其化合物等大气污染物以及 COD、氨氮、pH、SS、总磷、氟化物、挥发酚、石油类、TDS、硫化物等水污染物。 （5）火电企业废水排放监测的监测点位包括企业排放口、脱硫废水排口、循环冷却水排口、直流冷却水排口。 （6）火电企业无组织排放监控位置包括厂界、储油罐周边及氨罐区周边等

续表

类别		序号	法律法规、标准政策	具体要求
排污许可管理	排污许可证申领及后续管理	63	《排污许可证申请与核发技术规范　工业固体废物》（HJ 1200—2021）	排污许可证工业固体废物内容应全面涵盖以下信息： （1）危险废物自行贮存设施信息：自行贮存设施信息包括贮存设施名称、编号、类型、位置、是否符合相关标准要求、贮存危险废物能力、面积，贮存危险废物的名称、代码、危险特性、物理性状、产生环节等信息，参见附录 A.2。 （2）一般工业固体废物基础信息：基础信息包括一般工业固体废物的名称、代码、类别、物理性状、产生环节、去向等信息，参见附录 A.1。 （3）一般工业固体废物自行贮存设施信息：自行贮存设施信息包括贮存设施名称、编号、类型、位置、是否符合贮存相关标准要求、贮存一般工业固体废物能力、面积，贮存一般工业固体废物的名称、代码、类别、物理性状、产生环节等信息，参见附录 A.2。 （4）排污单位委托他人运输、利用、处置危险废物的，应落实《中华人民共和国固体废物污染环境防治法》等法律法规要求，对受托方的主体资格和技术能力进行核实，依法签订书面合同，在合同中约定污染防治要求；转移危险废物的，应当按照国家有关规定填写、运行危险废物转移联单等。 （5）采用库房、包装工具（罐、桶、包装袋等）贮存一般工业固体废物的，贮存过程应满足相应防渗漏、防雨淋、防扬尘等环境保护要求。 （6）合规是指排污单位工业固体废物污染防控技术要求、台账记录、执行报告、信息公开等环境管理要求满足排污许可证规定

续表

<table>
<tr><th colspan="2">类别</th><th>序号</th><th>法律法规、标准政策</th><th>具体要求</th></tr>
<tr><td rowspan="2">排污许可管理</td><td rowspan="2">自行监测</td><td>64</td><td>《火电厂环境监测技术规范》（DL/T 414—2012）</td><td>自行监测点位、内容、频次、方法符合文件要求。
（1）废水监测对象：电厂废水总排放口排水；脱硫废水；灰场（灰池）排水；工业废水（含冲渣水）；厂区生活污水；其他可能对受纳水体产生污染的排水；经过各类废水处理装置处理后的外排水。
（2）烟气监测项目：烟尘、二氧化硫、氮氧化物、汞、氨的排放浓度和排放量。烟气含氧量及温度、湿度、压力、流速、烟气量（标准干烟气）等辅助参致。
（3）无组织排放监测：颗粒物、非甲烷总烃、甲烷烃、氨的排放浓度</td></tr>
<tr><td>65</td><td>《火电厂大气污染物排放标准》（GB 13223—2011）、《火电厂环境监测技术规范》（DL/T 414—2012）、《锅炉大气污染物排放标准》（DB 44/765—2019）</td><td>大气污染物检测分析方法优先选取国标方法，在无国标方法的情况下按 GB 13223、DL/T 414 和 DB 44/765 选取相关行业标准方法。
各标准要求的检测分析方法如下：
（1）火电厂大气污染物浓度测定方法标准（GB 13223—2011）
<table>
<tr><th>序号</th><th>污染物项目</th><th>方法标准名称</th><th>方法标准编号</th></tr>
<tr><td>1</td><td>烟尘</td><td>固定污染源排气中颗粒物测定与气态污染物采样方法</td><td>GB/T 16157</td></tr>
<tr><td>2</td><td>烟气黑度</td><td>固定污染源排放烟气黑度的测定　林格曼烟气黑度图法</td><td>HJ/T 398</td></tr>
<tr><td rowspan="3">3</td><td rowspan="3">二氧化硫</td><td>固定污染源排气中二氧化硫的测定　碘量法</td><td>HJ/T 56</td></tr>
<tr><td>固定污染源排气中二氧化硫的测定　定电位电解法</td><td>HJ/T 57</td></tr>
<tr><td>固定污染源废气　二氧化硫的测定　非分散红外吸收法</td><td>HJ 629</td></tr>
<tr><td rowspan="2">4</td><td rowspan="2">氮氧化物</td><td>固定污染源排气中氮氧化物的测定　紫外分光光度法</td><td>HJ/T 42</td></tr>
<tr><td>固定污染源排气中氮氧化物的测定　盐酸萘乙二胺分光光度法</td><td>HJ/T 43</td></tr>
<tr><td>5</td><td>汞及其化合物</td><td>固定污染源废气　汞的测定　冷原子吸收分光光度法（暂行）</td><td>HJ 543</td></tr>
</table></td></tr>
</table>

续表

<table>
<tr><th colspan="2">类别</th><th>序号</th><th>法律法规、标准政策</th><th>具体要求</th></tr>
<tr><td>排污许可管理</td><td>自行监测</td><td>65</td><td>《火电厂大气污染物排放标准》（GB 13223—2011）、《火电厂环境监测技术规范》（DL/T 414—2012）、《锅炉大气污染物排放标准》（DB 44/765—2019）</td><td>（2）气态污染物测量分析方法（DL/T 414—2012）
<table>
<tr><th>被测物</th><th colspan="2">测量方法</th><th>应用标准</th></tr>
<tr><td rowspan="3">烟尘</td><td colspan="2">重量法</td><td>GB 16157</td></tr>
<tr><td rowspan="2">光学法</td><td>浊度法[a]</td><td>HJ/T 75</td></tr>
<tr><td>散射法[a]</td><td>HJ/T 75</td></tr>
<tr><td colspan="4">[a] 采用便携式烟尘浓度测试仪，如激光浊度仪、红外光散射测尘仪等。</td></tr>
</table>
<table>
<tr><th colspan="2">被测物</th><th>分析方法</th><th>应用标准</th><th>适用范围</th></tr>
<tr><td colspan="2" rowspan="5">二氧化硫</td><td>碘量法</td><td>HJ/T 56</td><td>直接采样方法</td></tr>
<tr><td>甲醛－盐酸副玫瑰苯胺分光光度法</td><td>GB/T 15262</td><td>直接采样方法</td></tr>
<tr><td>定电位电解法</td><td>HJ/T 57</td><td>直接采样方法</td></tr>
<tr><td>紫外荧光法</td><td>HJ/T 76</td><td>仪器监测法</td></tr>
<tr><td>非分散红外法</td><td>HJ/T 76</td><td>仪器监测法</td></tr>
<tr><td rowspan="5">氮氧化物</td><td rowspan="5">NO 或 NO_2</td><td>盐酸萘乙二胺比色法</td><td>HJ/T 43</td><td>直接采样方法</td></tr>
<tr><td>紫外分光光度法</td><td>HJ/T 42</td><td>直接采样方法</td></tr>
<tr><td>非分散红外法</td><td>HJ/T 76</td><td>仪器监测法</td></tr>
<tr><td>定电位电解法</td><td>HJ/T 57</td><td>直接采样方法</td></tr>
<tr><td>化学发光法</td><td>HJ/T 76</td><td>仪器监测法</td></tr>
<tr><td colspan="2">汞</td><td>冷原子吸收分光光度法</td><td>HJ 543</td><td>直接采样方法</td></tr>
<tr><td colspan="2" rowspan="2">氨</td><td>靛酚蓝分光光度法</td><td>GB/T 18204.25</td><td>直接采样方法</td></tr>
<tr><td>次氯酸钠－水杨酸分光光度法</td><td>GB/T 14679</td><td>直接采样方法</td></tr>
</table>
</td></tr>
</table>

续表

类别		序号	法律法规、标准政策	具体要求
排污许可管理	自行监测	65	《火电厂大气污染物排放标准》（GB 13223—2011）、《火电厂环境监测技术规范》（DL/T 414—2012）、《锅炉大气污染物排放标准》（DB 44/765—2019）	（3）大气污染物浓度测定方法标准（DB 44/765—2019）（见下表）

（3）大气污染物浓度测定方法标准（DB 44/765—2019）

序号	污染物项目	方法标准名称	标准编号
1	颗粒物	锅炉烟尘测试方法	GB 5468
		固定污染源排气中颗粒物测定与气态污染物采样方法	GB/T 16157
		固定污染源废气　低浓度颗粒物的测定　重量法	HJ 836
2	二氧化硫	固定污染源排气中二氧化硫的测定　碘量法	HJ/T 56
		固定污染源废气　二氧化硫的测定　定电位电解法	HJ 57
		固定污染源废气　二氧化硫的测定　非分散红外吸收法	HJ 629
3	氮氧化物	固定污染源排气中氮氧化物的测定　紫外分光光度法	HJ/T 42
		固定污染源排气中氮氧化物的测定　盐酸萘乙二胺分光光度法	HJ/T 43
		固定污染源废气　氮氧化物的测定　非分散红外吸收法	HJ 692
		固定污染源废气　氮氧化物的测定　定电位电解法	HJ 693
4	一氧化碳	固定污染源排气中一氧化碳的测定　非色散红外吸收法	HJ/T 44
5	汞及其化合物	固定污染源废气　汞的测定　冷原子吸收分光光度法（暂行）	HJ 543
		固定污染源废气　气态汞的测定　活性炭吸附 / 热裂解原子吸收分光光度法	HJ 917
6	烟气黑度	固定污染源排放　烟气黑度的测定　林格曼烟气黑度图法	HJ/T 398

续表

<table>
<tr><th colspan="2">类别</th><th>序号</th><th>法律法规、标准政策</th><th>具体要求</th></tr>
<tr><td rowspan="2">排污许可管理</td><td rowspan="2">自行监测</td><td>65</td><td>《火电厂大气污染物排放标准》（GB 13223—2011）、《火电厂环境监测技术规范》（DL/T 414—2012）、《锅炉大气污染物排放标准》（DB 44/765—2019）</td><td>（4）无组织排放监测分析方法（DL/T 414—2012）
<table>
<tr><th>被测物</th><th>分析方法</th><th>应用标准</th><th>适用范围</th></tr>
<tr><td>颗粒物</td><td>重量法</td><td>GB/T 15432</td><td>燃煤电厂煤场、灰场等</td></tr>
<tr><td>非甲烷总烃</td><td>气相色谱法</td><td>GB/T 16046</td><td>燃油电厂油罐区</td></tr>
<tr><td>甲烷烃</td><td>气相色谱法</td><td>GB/T 15263</td><td>燃气电厂气罐区</td></tr>
<tr><td>氨</td><td>次氯酸钠－水杨酸分光光度法</td><td>GB/T 14679</td><td>燃煤电厂氨区</td></tr>
</table></td></tr>
<tr><td>66</td><td>《火电厂环境监测技术规范》（DL/T 414—2012）</td><td>水质监测项目分析方法按 DL/T 414 要求：
<table>
<tr><th>监测项目</th><th>方法名称</th><th>适用范围</th><th>应用标准</th></tr>
<tr><td>pH</td><td>玻璃电极法</td><td>工业废水</td><td>GB/T 6920</td></tr>
<tr><td>悬浮物</td><td>重量法</td><td>地面水、地下水、工业废水</td><td>GB/T 11901</td></tr>
<tr><td>COD</td><td>重铬酸盐法</td><td>COD 大于 30 mg/L 的水样</td><td>GB/T 11914</td></tr>
<tr><td rowspan="2">石油类和动植物油</td><td>（1）红外分光光度法</td><td>地面水、生活污水、工业废水</td><td>GB/T 16488</td></tr>
<tr><td>（2）重量法</td><td>地面水、生活污水、工业废水</td><td>DL/T 938</td></tr>
<tr><td rowspan="3">氟的无机化合物</td><td>（1）离子选择电极法</td><td>地面水、地下水和工业废水</td><td>GB/T 7484</td></tr>
<tr><td>（2）氟试剂分光光度法</td><td>地面水、地下水和工业废水</td><td>GB/T 7483</td></tr>
<tr><td>（3）茜素磺酸锆目视比色法</td><td>饮用水、地面水、地下水和工业废水</td><td>GB/T 7482</td></tr>
</table></td></tr>
</table>

续表

类别		序号	法律法规、标准政策	具体要求			
				监测项目	方法名称	适用范围	测试方法
排污许可管理	自行监测	66	《火电厂环境监测技术规范》（DL/T 414—2012）	总砷	（1）二乙基二硫代氨基甲酸银分光光度法	水和废水	GB/T 7485
					（2）硼氢化钾－硝酸银分光光度法	地面水、地下水和饮用水	GB/T 11900
				硫化物	（1）亚甲基蓝分光光度法	地下水、地面水、生活污水和工业废水	GB/T 16489
					（2）氨基－甲基苯胺分光光度法	废水	DL/T 938
					（3）碘量法	地下水和废水	HJ/T 60 DL/T 938
				挥发酚	蒸馏后 4- 氨基安替比林分光光度	饮用水、地面水、地下水和工业废水	GB/T 7490
				氨氮	（1）钠氏试剂比色法	工业废水	GB/T 7479
					(2）蒸馏滴定法		GB/T 7478
				BOD_5	稀释与接种法	含量范围：2～6 000 mg/L	GB/T 7488
				水温	温度计法	地表水	GB/T 13195
				总铅	（1）原子吸收分光光度法	脱硫废水、冲灰水	GB/T 7475
					（2）双硫腙分光光谱法		GB/T 7470
				总汞	（1）冷原子吸收分光光度法	脱硫废水、冲灰水	GB/T 7468
					（2）高锰酸钾－过硫酸钾消解法		GB/T 7469
				总铜	（1）原子吸收分光光度法	脱硫废水、冲灰水	GB/T 7475
					（2）二乙基二硫代氨基甲酸钠分光光度法		GB/T 7474
					（3）2,9- 二甲基 -1,10- 菲啰啉分光光度法		GB/T 7473
				总硬度	EDTA 滴定法	地下水	GB/T 7477

续表

续表

类别		序号	法律法规、标准政策	具体要求
排污许可管理	自行监测	67	《排污单位自行监测技术指南　火力发电及锅炉》（HJ 820—2017）	自行监测点位、内容、频次、方法符合文件要求。 （1）排污单位应查清本单位的污染源、污染物指标及潜在的环境影响，制定监测方案，设置和维护监测设施，按照监测方案开展自行监测，做好质量保证和质量控制，记录和保存监测数据，依法向社会公开监测结果。 （2）汞及其化合物、氨、林格曼黑度监测频次为季度。煤种改变时，需对汞及其化合物增加监测频次。 （3）脱硫废水排放口每月监测 pH、总砷、总铅、总汞、总镉、流量，脱硫废水不外排的，监测频次可按季度执行
其他	环境信息公开	68	《企业环境信息依法披露管理办法》（自 2022 年 2 月 8 日起施行）	（1）企业是环境信息依法披露的责任主体。 企业应当建立健全环境信息依法披露管理制度，规范工作规程，明确工作职责，建立准确的环境信息管理台账，妥善保存相关原始记录，科学统计归集相关环境信息。 企业披露环境信息所使用的相关数据及表述应当符合环境监测、环境统计等方面的标准和技术规范要求，优先使用符合国家监测规范的污染物监测数据、排污许可证执行报告数据等。 企业应当依法、及时、真实、准确、完整地披露环境信息，披露的环境信息应当简明清晰、通俗易懂，不得有虚假记载、误导性陈述或者重大遗漏。 （2）企业应当按照准则编制年度环境信息依法披露报告和临时环境信息依法披露报告，并上传至企业环境信息依法披露系统。企业应当于每年 3 月 15 日前披露上一年度 1 月 1 日至 12 月 31 日的环境信息

续表

类别		序号	法律法规、标准政策	具体要求
其他	液氨尿素替代	69	《电力行业危险化学品安全风险集中治理实施方案》（国能发安全〔2022〕21 号）	全国公用燃煤电厂的液氨一级、二级重大危险源尿素替代改造工程应于 2022 年 12 月底前完成，液氨三级、四级重大危险源尿素替代改造工程应于 2024 年年底前完成
	加强氮氧化物减排	70	《广东省生态环境厅关于进一步加强固定源和移动源氮氧化物减排工作的通知》（粤环发〔2022〕5 号，有效期至 2027 年 6 月 15 日）	（1）进一步提升燃煤发电机组脱硝效率。督促脱硝工程建设较早、技术水平偏低、氨逃逸率较高的电厂开展脱硝系统升级优化，加强燃煤发电机组脱硝装置规范运行管理，完善污染治理设施日常运行维护台账，加强对燃煤发电机组自动监控数据分析，科学研判是否稳定达到超低排放要求。 （2）推进固定源企业实施精细化管理。指导督促企业严格控制氨逃逸，通过引入先进控制算法、优化流场、自动化智能喷氨、提高催化剂质量等方式，精准喷氨，尽可能避免局部过喷现象，在保证脱硝效率的同时降低氨逃逸水平。对人工投加脱硫脱硝剂的简易设施实施自动化改造

CHAPTER 4

第 4 章 煤电行业减污降碳协同增效技术路径探索

4.1　污染物治理及碳减排进展与应用

4.1.1　煤电行业污染物治理进展

近年来，我国坚定不移地实施了污染物总量控制和煤炭等量替代政策，并逐步推行更为严格的空气质量排放标准。这些措施促使传统煤电企业不断进行超低排放改造。截至 2023 年年底，我国 95% 以上煤电机组实现超低排放，煤电机组供电标准煤耗从 2014 年的 319 g/（kW · h）降至 2023 年的 301.6 g/（kW · h），煤电机组技术领先世界。2022 年，我国进一步加大了对煤电行业的“三改联动”改造力度，改造升级的规模超过 2.2 亿 kW，有效推动了煤电行业的清洁低碳发展。

最新统计数据显示，截至 2022 年年底，我国煤电装机容量已达到约 11.2 亿 kW，年发电量约为 4.9 万亿 kW · h。2022 年，我国每千瓦时火力发电量所产生的烟尘、二氧化硫、氮氧化物排放量分别为 17 mg、83 mg、133 mg，相较 2016 年，分别减少了 76.4%、78.7%、63.1%。这些数据显示，我国煤电行业在治理污染物方面已取得显著成效，尤其是在超低排放改造及“三改联动”方面。

（1）超低排放及“近零”排放改造

2015 年，我国首次大规模实施了燃煤电厂超低排放改造，发布了《全面实施燃煤电厂超低排放和节能改造工作方案》，对超低排放改造的时间表和技术标准作出了详细规定。随后，《煤电低碳化改造建设行动方案（2024—2027 年）》以及《“十四五”节能减排综合工作方案》等文件进一步凸显了煤电超低排放改造的重要性，并向各省（区、市）下达了明确的目标任务，将超低排放改造视为减少污染排放和提升生态环境质量的关键措施。

依据《燃煤电厂超低排放烟气治理工程技术规范》（HJ 2053—2018）的要求，我国燃煤电厂已发展出 3 条主要的超低排放技术路径，包括切向燃烧、墙式燃烧方式煤粉锅炉及循环流化床锅炉，如图 4.1～图 4.3 所示。

图 4.1　超低排放技术路线 1（切向燃烧、墙式燃烧方式煤粉锅炉）

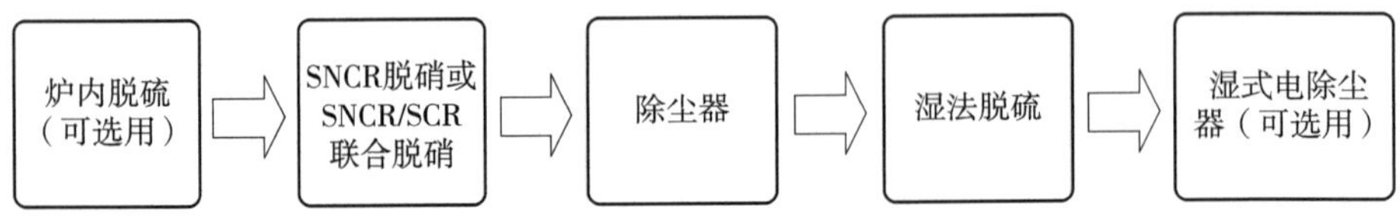

图 4.2　超低排放技术路线 2（循环流化床锅炉）

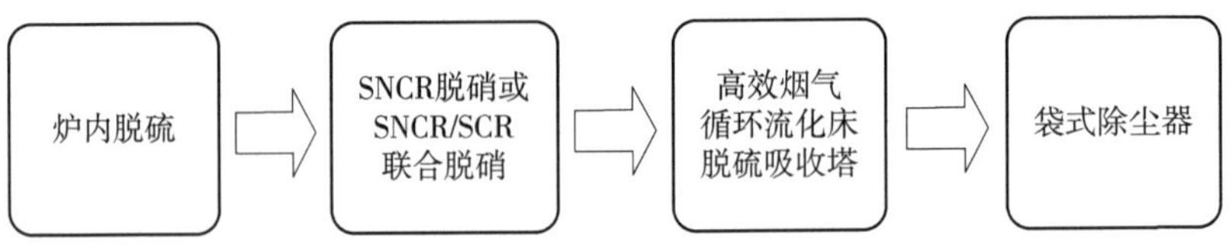

图 4.3　超低排放技术路线 3（循环流化床锅炉）

2015 年，神华国华孟津电厂的 2 号机组成功实施了“超低排放”技术改造，成为河南省首个完成 168 小时试运行并达到“超低排放”标准的环保升级机组。此次改造显著降低了机组排放的烟尘、二氧化硫和氮氧化物浓度，使之优于燃气机组的排放标准，从而达到“超低排放”的目标。改造过程中采用了管束式高效除尘除雾装置，该技术在吸收塔内部即可完成，工程量较小，现场作业风险较低，且成本为湿式除尘器的 50%～60%。改造后的 2 号机组每年可减少烟尘排放 319 t、二氧化硫排放 267 t、氮氧化物排放 761 t。此外，烟气中的水汽含量也得到了有效降低，从而减少了水的消耗量。

随着超低排放技术的普及，截至 2023 年年底，超过 95% 的燃煤发电机组已符合超低排放标准。在此基础上，部分燃煤电厂进一步实施了“近零”排放改造，催生了一系列先进的技术和设备，包括高效烟气脱硝装置、低温静电除尘装置及脱硫效率提升技术等。这些技术的运用显著降低了燃煤过程中产生的污染物排放量。同时，一些企业通过自主研发或引进国际先进技术，持续推动燃煤发电厂“近零”排放改造的技术创新进程。

当前，国内众多燃煤电厂已经成功实施了“近零”排放技术改造，并取得了显著的环境效益与经济效益。这些燃煤电厂在完成技术改造后，其污染物排放浓度普遍降至燃气机组排放标准以下，实现了燃煤发电的清洁化和高效化。

随着国家对环保的要求日益严格，以及满足煤电行业绿色低碳转型的需求，国家能源集团乐东电厂积极响应政策号召，于 2018 年启动了“超超低近零”排放改造项目。该项目旨在通过技术创新和设备升级，实现了全过程粉尘污染物、氮氧化物、二氧化硫“近零”排放，烟囱消白烟，实现视觉“零”排放，废水零排放。该项目研究与实施为国际首创，对大型燃煤发电机组清洁绿色运行起到了重要的科技创新示范作用。

（2）“三改联动”进展

煤电“三改联动”是指煤电机组的节能降碳改造、灵活性改造和供热改造，节能降碳改造是为了让煤电机组降低度电煤耗和二氧化碳排放；供热改造是为了让煤电机组能够承担更多的供热负荷，逐步替代低效率、高排放的分散小锅炉；灵活性改造是为了让煤电机组进一步提升负荷调节能力，为新能源消纳释放更多的电量空间，并确保电网安全稳定运行。这一政策是在“双碳”目标下提出的，可以使煤电行业在发挥兜底保障作用的同时，不断提升清洁高效发展水平。2021—2023 年我国已累计完成 7.37 亿 kW 煤电“三改联动”，其中灵活性改造和供热改造完成率超过 75%，促进我国新能源消纳能力的提升和电力低碳转型发展。

国家能源集团制定《国家能源集团煤电机组“三改联动”技术路线》（2023 年修订版），提出了 110 条具体技术和 35 个典型案例。该技术路线详尽阐述了“三改联动”技术的层级与分类，扩展了成熟且可靠的先进实用技术及优秀案例的应用。同时，明确界定了各项技术的特性、适用领域及技术参数，并对应用这些技术的注意事项及可能带来的额外收益进行了阐释。该技术路线为发电企业的“三改联动”工作提供了全面的顶层设计和统一的技术标准。部分“三改联动”技术路线如图 4.4 所示。

2024 年 8 月，中国电力企业联合会公布了关于公示 2024 年煤电机组“三改联动”改造示范案例名单的通知，此举标志着“三改联动”工作在全国范围内得到广泛实施，并且已经总结出一系列示范案例，供业界学习和借鉴。

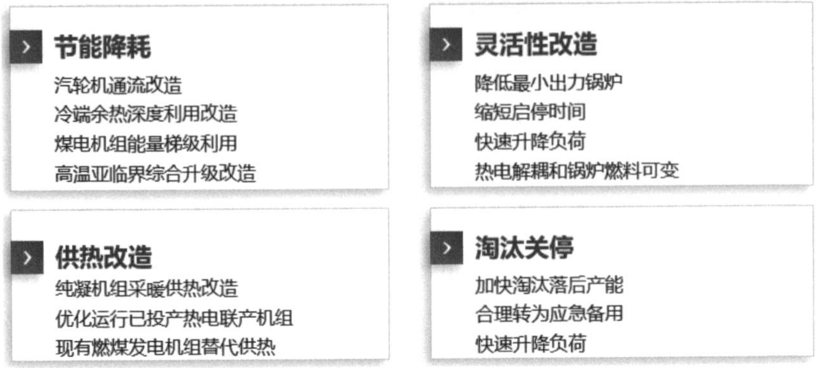

节能降耗
汽轮机通流改造
冷端余热深度利用改造
煤电机组能量梯级利用
高温亚临界综合升级改造

灵活性改造
降低最小出力锅炉
缩短启停时间
快速升降负荷
热电解耦和锅炉燃料可变

供热改造
纯凝机组采暖供热改造
优化运行已投产热电联产机组
现有燃煤发电机组替代供热

淘汰关停
加快淘汰落后产能
合理转为应急备用
快速升降负荷

图 4.4　部分“三改联动”技术路线

4.1.2　煤电行业碳减排进展

“十四五”时期，我国生态文明建设进入了以降碳为重点战略方向、推动减污降碳协同增效、促进经济社会发展全面绿色转型、实现生态环境质量改善由量变到质变的关键时期，也是碳达峰的关键期、窗口期。

我国受资源禀赋和基础设施惯性等因素限制，以煤为主的一次能源结构较难改变。以 2005 年为基准年，2006—2023 年，通过发展非化石能源、降低供电煤耗和线损率等措施，电力行业累计降低二氧化碳排放约 282.2 亿 t。2022 年全国每千瓦时火力发电量的二氧化碳排放量约为 824 t，虽然较 2017 年下降了 2.4%，但根据世界资源研究所统计，以煤电为主的电力行业碳排放量约占我国碳排放总量的 40%。煤电行业仍是实现我国“双碳”目标和能源结构绿色转型的关键和难点领域。CCUS 技术及耦合新能源发电技术应用是煤电行业碳减排较为重要的技术措施。

4.1.2.1　煤电 CCUS 技术

在众多碳减排策略中，CCUS 技术是目前唯一一种能够在现有电厂持续运作的同时显著降低碳排放的方法，可以改造为“近零脱碳机组”。CCUS 技术将电力、钢铁、水泥等工业生产过程中产生的二氧化碳或直接从大气中捕获的二氧化碳进行分离、提纯，并通过管道、船舶等运输工具运至适宜地点进行再利用或封存。CCUS 技术作为目前能够实现化石能源大规模低碳化利用的减排技术之一，是实现煤电行业化石能源净零排放的重要基石。据调查，国家能源集团、华能集团、中石化、华电集团、浙能集团等大型燃煤发电企业均开展了燃煤电厂 CCUS 工程示范研究，并取得了一定的成果，但总体上呈现规模小、成本高、经济性差的特点，且未形成全流程的燃煤电厂 CCUS 技术应用。根据《中国碳捕集利用与封存年度报告（2023）》估算，预计 2060 年火电行业可通过 CCUS 技术实现约 10 亿 t/a 的二氧化碳减排量。CCUS 技术方向及关键环节如图 4.5 所示。

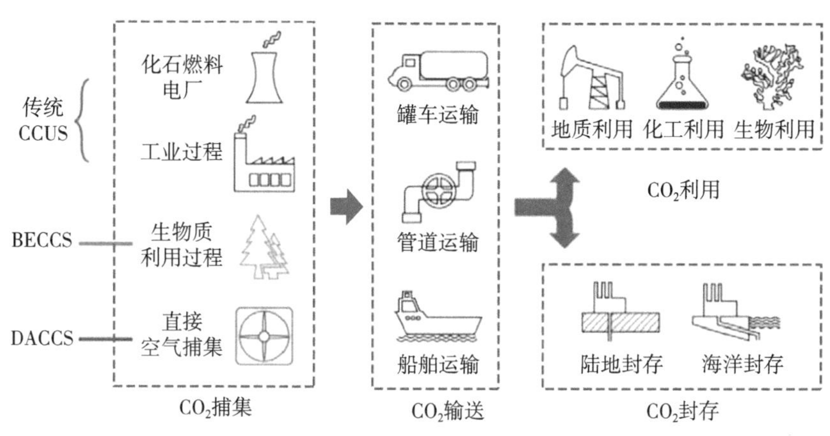

图 4.5　CCUS 技术方向及关键环节

（1）碳捕集技术

煤电厂的二氧化碳捕集方式包括燃烧前捕集、燃烧中捕集和燃烧后捕集 3 种。燃烧前捕集是指利用煤气化重整技术，将二氧化碳从合成气中分离；燃烧中捕集是通过改变传统空气燃烧方式，采用纯氧或氧载体，直接获得高二氧化碳浓度烟气；燃烧后捕集是从烟气中分离出二氧化碳。按照不同的工艺，二氧化碳捕集技术分为溶液吸收、固体吸附、膜分离、富氧燃烧技术等。

现阶段，我国碳捕集工程项目多采用燃烧后化学吸收法，处理规模一般。它是利用弱碱性吸收剂与二氧化碳在低温条件（40℃）下发生化学反应，在加热条件（120℃）下发生可逆反应释放二氧化碳。燃煤烟气碳捕集工业示范的主流吸收剂为有机胺［如一乙醇胺（MEA）、2- 氨基 2- 甲基 1- 丙醇（AMP）、哌嗪（PZ）等］。吸收剂具有捕集效率高（＞90%）、捕集纯度高（＞99%）等优势，但再生能耗高，胺降解是当前技术研发的主要难题。国能泰州电厂 CCUS 项目是亚洲在运捕集规模最大的煤电 CCUS 项目，每年可捕集二氧化碳 50 万 t，其研发出的新型三元复合胺吸收剂，实现再生热耗较传统吸收剂下降 35% 以上；同时，研发出的新型干法凝胺回收装置，胺损失较传统装置降低 30% 以上，实现项目设备 100% 国产化，每吨二氧化碳捕集热耗小于 2.4 GJ、电耗小于 90 kW · h。

我国大型燃煤发电企业碳捕集工程项目（节选）如表 4.1 所示。

表 4.1　我国大型燃煤发电企业碳捕集工程项目（节选）

碳捕集技术	项目名称	规模 /（10^4 t/a）	年份
燃烧前化学吸收	神华集团包头煤制甲醇	650.0	2010
	华能天津 IGCC 电厂	10.0	2015
	华能石洞口第二燃煤电厂烟气	12.0	2009
燃烧后化学吸收	胜利油田燃煤电厂烟气	4.0	2010
	国电天津北塘热电厂燃煤烟气	2.0	2012
	华润电力海丰电厂燃煤烟气	2.0	2019
	华电句容电厂燃煤烟气	1.0	2019
	国能锦界电厂燃煤烟气	15.0	2021
	国能泰州电厂燃煤烟气	50.0	2023
燃烧后膜分离	华润海风电厂燃煤烟气	0.6	2019

（2）碳运输技术

煤电行业二氧化碳的运输技术是 CCUS 技术链条中的重要环节。目前，煤电厂二氧化碳的运输技术主要包括液化运输、高压管道运输和船舶运输 3 种方式。

①液化运输是将二氧化碳冷却至 −50℃以下，并施加超过 30 个大气压的高压，以实现其液态化。液态二氧化碳具有体积小、重量大、储存密度高等特点，这使其成为长距离运输的理想选择。尽管如此，液化过程需耗费大量能源，液化设备的购置与运营成本也相对较高。

②高压管道运输是将二氧化碳压缩至超过 30 个大气压的高压状态，随后通过管道进行远距离输送。该方法具有运输速度快、安全稳定等优势，目前已被普遍采用。当前，许多大型燃煤电厂及二氧化碳封存项目均采用高压管

道运输技术。

③船舶运输是将二氧化碳压缩并储存在特制的设备中，然后利用船只进行长距离的海上运输，尤其适用于跨国或跨海区域的二氧化碳运输。该运输方式具有运输跨度大、载量大等优点，在海上运输领域具有广阔的应用前景。然而，船舶运输同样面临运输成本、安全性和环境影响等挑战。

（3）碳利用与封存技术

碳利用与封存技术在煤炭电力行业是缓解全球气候变化和促进可持续发展的重要策略。经过净化处理的二氧化碳可应用于化工、医疗、食品等多个领域。然而，食品和医疗行业对二氧化碳的利用存在局限性。因此，随着 CCUS 技术的进步，未来二氧化碳的大量受纳将依赖于大规模的资源化利用，如通过地质封存技术和化工利用等途径。

二氧化碳利用技术主要包括化学转化、生物转化、发电技术及其他工业应用等多个方面。这些技术通过不同的化学反应或生物过程，将二氧化碳转化为甲醇、乙醇、碳酸盐、生物燃料等有价值的化学品或材料。

①化学转化：二氧化碳与氢气在催化剂作用下通过化学反应合成甲醇，由此产生的甲醇是化工行业的重要原料及清洁能源。二氧化碳与金属氧化物发生反应，生成的碳酸盐产品在建筑材料和农业等多个领域具有广泛的应用价值。二氧化碳与氨气在高温高压条件下进行化学反应，所生成的尿素是农业生产中不可或缺的氮素肥料。

②生物转化：利用微藻吸收二氧化碳进行光合作用，同时生产氧气和生物燃料（如生物柴油）。同时，某些微生物可以利用二氧化碳进行发酵，产生乙醇、乳酸等有机酸或生物燃料。2022 年 1 月，浙江大学与华润集团合作在华润电力海丰电厂建成国内首个立柱式微藻光合反应器减排转化利用燃煤电厂烟气二氧化碳工程示范项目，突破了传统反应器占地面积大和利用二氧化碳效率低等技术“瓶颈”。该示范项目每亩微藻产量和固定二氧化碳量相较传统跑道池微藻反应器提高了 5 倍。

③二氧化碳矿化利用技术使二氧化碳与天然矿物、工业材料和工业固体废物中的钙、镁等发生碳酸化反应，生成稳定的碳酸盐。2022 年年底，由国能大同电厂牵头的国内首套二氧化碳化学链矿化捕集利用示范项目通过 168

小时试运行，连续产出成品碳酸钙浆液。该项目以工业固体废物电石渣为原料，利用以氯化铵为主要组分的专有循环介质溶液，高效提取电石渣中的钙元素，进而与电厂烟气中的二氧化碳反应，生产高纯度微米级碳酸钙产品。与传统的 CCUS 技术相比，该项目通过将二氧化碳转化为碳酸钙固体，实现了长期固碳的目的。因此，回收并固化的二氧化碳将不会重新释放至大气中。相较于传统开山及高温煅烧工艺生产的碳酸钙，该项目生产 1 t 绿色矿化碳酸钙产品，可减少二氧化碳排放 1.03 t。该项目正式运行后，预计年消耗 3 000 t 电石渣，年产成品碳酸钙 2 300 t，是煤电行业 10 万 t 级项目以及更多规模化的二氧化碳矿化利用技术新路径的有益探索。

④超临界二氧化碳发电：将超临界状态下的二氧化碳作为工质推动汽轮机发电，具有发电效率高、机组体积小等优点。

⑤其他工业应用：高纯度的二氧化碳可用于食品工业制作碳酸饮料、酵母粉等。二氧化碳在焊接过程中可作为保护气体，防止焊缝氧化。在农业中，二氧化碳可作为气肥促进植物生长。

二氧化碳的封存方法涵盖地质封存、海洋封存以及地表封存等多种形式，这些方法与其他工业过程中二氧化碳封存技术的原理和方法一致。

①二氧化碳地质封存技术，是当前应用最为广泛的封存手段，其核心原理是借鉴自然界中化石燃料的贮存机制，将二氧化碳注入地层深处进行封存。火力发电行业产生的二氧化碳，可通过管道或运输工具转移到适宜的地点，随后注入深层地层、盐穴、煤层以及油气田等地质结构中。这些地质结构能够吸收二氧化碳，并将其长期封存于地下，有效阻止其释放至大气中。地质封存技术的优势在于其巨大的存储容量、长期的封存期限以及相对成熟的技术水平。尽管如此，该技术在封存地点的选择、封存过程的监控以及长期封存的安全性等方面仍面临诸多挑战。

②海洋封存技术是将二氧化碳注入海洋的深层水域，使其在水中溶解形成稳定的溶液。尽管从理论上讲该技术是可行的，但其对环境和生态系统的潜在影响仍在研究之中，且需要严格的监管和规范措施。海洋封存技术的优势在于其潜在的存储容量巨大，但是可能对海洋生物产生不利影响，并且封存效果受到海水流动和混合速率的影响。

③地表封存技术的基本原理是通过二氧化碳与金属氧化物发生化学反应，将其转化为固态的碳酸盐及其他副产品。该技术可以在地表层或浅层地质中实施，具有封存稳定性高和监管成本低等优势。然而，地表封存技术尚未完全成熟，其高操作成本以及矿业开采作业对环境的潜在影响等问题，仍需进一步深入研究。

鉴于 CCUS 技术改造所需的巨大投资和运营成本，我国的燃煤电厂尚未普遍实施该技术。然而，一些规模较大的燃煤电厂已经开始实施 CCUS 技术改造的示范项目。泰州电厂的 CCUS 项目，即二氧化碳捕集与资源化能源化利用技术研究及示范项目，作为国内燃煤电力行业首个达到 50 万 t 级的 CCUS 示范工程，展现了突出的技术创新性和示范价值。该项目总投资额为 5 亿元人民币，于 2022 年 3 月正式开工，2023 年 6 月投入运行。该工程利用泰州电厂二期 1 000 MW 超超临界二次再热燃煤机组，采用自主开发的新型三元复合胺进行二氧化碳的吸收和捕集，预计每年可捕集二氧化碳 50 万 t，捕集效率超过 90%，干基二氧化碳纯度超过 99%。其设计捕集热耗低于 2.4 GJ/t 二氧化碳，捕集电耗不超过 70 kW · h/t 二氧化碳，均达到了行业内的先进水平。此外，捕集的二氧化碳已实现 100% 利用，该项目运行一年以来，已销售二氧化碳超过 20 万 t，创造了多项燃煤电厂 CCUS 领域的纪录，成为实现“双碳”目标的典范。

4.1.2.2　耦合新能源发电减碳

煤电厂耦合新能源发电是指将传统的火力发电与新能源发电技术相结合的一种电力系统运行模式。这种模式旨在提高电力系统的灵活性和稳定性，优化能源结构，减少化石能源的消耗，降低温室气体排放，同时保证电力供应的可靠性。通过火电与新能源的耦合，可以实现多种能源之间的互补，提高新能源的消纳能力，尤其是在风能和太阳能等新能源发电波动性较大的情况下。

煤电厂耦合新能源发电的技术路径通常涉及对燃煤发电机组进行灵活性改造，以增强其对新能源发电的间歇性和波动性的适应性。首先，对燃煤发电机组实施灵活性技术升级，提升其启动和停止的速度以及调峰能力，以便更有效地与新能源发电同步。其次，在同一电力系统内融合多种能源资源，包括风能、太阳能、水能等，并通过智能化管理手段实现能源的最优化配置与调度。最后，部署电池储能或抽水蓄能等储能设施，以平抑新能源发电的波动，增强系统调节性能。

中国大唐集团投资建设的蒙西托克托 200 万 kW 新能源外送项目，是国内首个利用现有火电通道进行新能源多能互补外送的项目。该项目不仅实现了新能源项目送出线路投资的零新增，提升了输电通道的使用效率，而且借助大唐托电的庞大装机容量，能够参与火电机组的深度调峰工作。通过火电与新能源的多能互补发电方式，实现了平稳的电力外送。该项目全面投产后，预计每年可产出绿色电力超过 41 亿 kW · h，节约标准煤量超过 143 万 t，同时减少二氧化碳排放量超过 350 万 t。

国家发展改革委、国家能源局《关于推进电力源网荷储一体化和多能互补发展的指导意见》提出“风光火（储）一体化”，这是一种新型电力系统模式，将风力发电、太阳能发电、火力发电以及储能技术有机结合。这种模式的目标是实现能源的互补和优化配置，提高电力系统的稳定性和可再生能源的消纳能力，同时减少对化石能源的依赖，降低环境污染，支持能源结构的绿色转型，实现碳达峰、碳中和目标。风光火（储）一体化系统通常包括风力发电机组、光伏发电系统、火力发电机组以及电化学储能或其他形式的储能设施。这些组成部分通过智能化管理和控制系统相互协作，实现能源的实时平衡和优化调度。在风能和太阳能发电波动较大时，储能系统可以释放存储的能量，保证电力系统的连续供电，而火力发电机组则可以根据需要进行调峰，确保稳定的电力输出。

国能永福发电有限公司在桂林市永福县实施的百万级“风光火（储）一体化”多能互补综合能源基地项目，为广西首个多能互补电源项目。该项目旨在通过整合多元化的能源资源，优化人力资源配置，提升能源使用效率，促进绿色可持续发展。永福公司规划的项目用地约为 980 亩[①]，装机容量达到 45 MW，预计投产后年均发电量可达 4 485 万 kW · h，同时可实现年节

---

① 1 亩≈666.67 m^2。

约碳排放量 3.9 万 t。风电项目计划安装多台风力发电机组，总装机容量为 336 MW，预计投产后每年将提供超过 2.55 亿 kW · h 的清洁能源。

4.2　减污降碳技术路线的经济性与可行性分析

当前，煤炭电力产业关于减少污染和降低碳排放的技术研究，主要集中在生物质掺烧、绿色氨掺烧以及 CCUS 3 个关键领域。对这些技术的经济性与可行性进行评估涉及多方面因素，包括技术成本、环境效益、能源安全和政策导向等众多维度。下面将对这 3 项主要的减污降碳技术路径的经济可行性展开分析。

4.2.1　生物质掺烧技术的经济可行性

生物质掺烧技术涉及将生物质燃料与煤炭共同燃烧的过程，其核心原理是借助生物质燃料的可再生特性和较低的碳排放量，减少煤炭消耗和降低碳排放。生物质燃料广泛分布于农业副产品、林业剩余物、城市固体废物等多个领域，它以资源的广泛性、可再生性以及低碳排放的特性而著称。通过将生物质燃料与煤炭进行混合燃烧，可以在不更换现有燃煤发电设施的前提下，形成低碳排放、环境友好和经济效益的发电模式。

生物质掺烧技术主要包括 3 种路径：生物质制粉直接掺混、生物质气化后间接掺混以及与燃煤锅炉并联耦合发电。

①生物质制粉直接掺混技术是指将生物质燃料磨碎并研磨至适宜的细度，随后直接与煤粉混合作为锅炉的燃料使用。该技术应用相对成熟，并且能够充分利用现有的燃煤设施。

②生物质气化后间接掺混技术先将生物质燃料转化为可燃气体，然后将这些气体与煤粉或空气混合后送入锅炉燃烧。该技术操作更为复杂，但能够实现更高的生物质利用率和更低的污染物排放。

③与燃煤锅炉并联耦合发电技术是在燃煤锅炉旁边建立独立的生物质燃烧系统，利用生物质燃烧产生的蒸汽或热水驱动汽轮机或发电机发电，该技术在操作的灵活性和系统的独立性方面具有显著优势。

目前，国内外在燃煤锅炉生物质掺烧技术方面取得了显著的进展和成就，多个燃煤电厂成功实施了生物质掺烧技术项目。

英国的 Drax 发电厂是全球规模最大的生物质混燃燃煤发电站，其 6 台 660 MW 的发电机组均已完成改造，具备独立的生物质磨碎与燃烧功能，该发电厂成为全球首屈一指的采用独立生物质处理、磨碎及燃烧技术的混燃煤粉炉发电厂。该发电厂通过生物质混燃技术，每年消耗约 150 万 t 生物质，同时实现每年减少二氧化碳排放量达 200 万 t，这一减排效果相当于 500 座大型风力发电机组的总和。

大唐国际雷州发电有限责任公司已成功实施国内首个百万千瓦二次再热机组掺烧生物质的科技创新项目，其设计目标为每年掺烧生物质燃料 10 万 t。该项目投入运行后，预计每年产生 1.6 亿 kW · h 的生物质绿色电力，节约标准煤超过 4 万 t，并减少二氧化碳排放约 12 万 t。该项目研发了先进的全自动无人值守工艺流程，并针对生物质的燃烧特性开发了新型生物质燃烧器，能够确保生物质在炉内清洁、高效和稳定燃烧。

大唐安徽发电有限公司的 660 MW 超临界燃煤机组直燃耦合生物质发电项目，作为国内规模最大的燃煤机组耦合生物质发电项目，实现了每小时掺烧生物秸秆 40 t，每年可产生 2.3 亿 kW · h 绿电，全年利用生物质燃料 25 万 t（折合标准煤 10 万 t），并减少二氧化碳排放 27 万 t。该项目的成功运行展示了燃煤机组与生物质发电耦合的高效能和环保效益。

烟台龙源公司研发的“燃煤锅炉掺烧生物质燃料关键技术研究与应用”技术，经中国电机工程学会评定，技术整体达到国际领先水平。该技术提出了高水分原生农业生物质的全产业链利用模式，并研制了适用于低密度粉体物料的流量测量装置，实现了生物质粉体燃料的连续、稳定、精准计量。此外，其开发的生物质粉体燃料稳定出料、高料气体积比气力输送与磨后掺烧技术，实现了超长距离稳定输送、均匀混合和高效燃烧。该项技术已在国家能源集团山东寿光发电有限责任公司 1 000 MW 燃煤锅炉上进行示范应用，展现出良好的应用前景。

国家能源集团山东寿光有限责任公司参与研发的“燃煤锅炉掺烧生物质燃料关键技术研究与应用”技术，也被认定达到国际领先水平。该技术每小时可掺烧生物质粉料 25.36 t，相应减少锅炉燃煤 11.29 t。该技术的创新成果已在国家能源集团山东寿光有限责任公司 1 000 MW 燃煤锅炉示范应用，经过长期运行，证明了在燃煤锅炉中直接掺烧生物质燃料的可行性，为火电行业提供了一条切实可行的碳减排技术发展路径。

综上所述，燃煤电厂生物质掺烧项目在生物质燃料的预处理、输送、掺烧等方面取得了显著的技术突破，实现了生物质燃料与煤炭的高效混合燃烧。因此，燃煤电厂掺烧生物质燃料的技术相对成熟，可以通过对现有锅炉进行适当改造，如调整燃烧器、增加预处理设备等，来实现生物质与煤炭的混合燃烧。此外，生物质燃料的破碎、输送和储存技术也在不断完善，为掺烧技术的实施提供了有力支持。

在经济成本方面，掺烧生物质涉及生物质燃料的采购、运输、预处理以及对燃煤电厂现有设备的适应性改造等多个方面。

生物质燃料的经济成本涵盖采购成本、运输成本以及预处理成本。其中，生物质的采购成本构成了其价格的核心部分，该成本受到生物质的种类、品质、供应量以及市场需求等多种因素的综合影响。通常情况下，生物质的价格低于煤炭，但实际价格仍需根据具体地区的市场状况来确定。生物质的运输成本，主要受到生物质产地与燃煤电厂之间的距离、运输方式以及运输量的影响。对于长距离的运输，成本可能会显著上升。因此，应优先考虑使用电厂周边的生物质资源，以减少运输成本。在生物质掺烧之前，可能需要进行一系列预处理工作，如破碎和干燥等，这些处理措施会产生相应的成本。预处理成本的大小则取决于所采用的处理方法和设备的效率。

在掺氨燃烧过程中，燃煤电厂现有设备的升级改造、运行维护会产生一定的经济成本。为了掺烧生物质，燃煤电厂可能需要对现有设备进行改造以适应生物质燃料的燃烧特性，这可能包括调整燃烧器、优化风机系统和除尘系统等。此外，生物质掺烧可能会导致锅炉热效率下降，增加运行成本。例如，生物质中的灰分、碱金属含量等可能会影响锅炉的积灰、结渣和腐蚀情况，从而增加维护成本。

王一坤等（2022）针对一项正在建设中的直接耦合 20 t/h 的生物质发电项目，进行了锅炉热力校核计算，并构建了经济分析模型，以评估其技术经济性。研究表明，生物质燃料的成本及补贴期限对项目的经济效益具有更为显著的影响，相较于标准煤炭价格的影响更为重要。鉴于我国碳税价格在短期内难以实现显著增长，生物质耦合发电项目应着重于降低生物质燃料成本、提升设备国产化水平、减少投资支出以及积极争取补贴政策等，以增强项目的经济可行性。

范翼麟等（2021）构建了一套生物质混烧发电技术经济评估模型，旨在探究在碳税交易体系下，混烧技术替代传统煤炭发电装机容量的经济可行性。研究结果显示，在标准煤价为 780 元 /t、碳税为 60 元 /t、定热值生物质价格为 450 元 /t 的条件下，生物质混烧发电能够基本达到盈亏平衡状态。此外，生物质的单位热值价格、标准煤价格以及碳税水平对混烧发电的经济性具有显著影响。具体而言，较低的生物质单位热值价格以及较高的碳税比率，将有助于实现混烧发电与传统燃煤发电在经济上的平衡。

综合分析表明，燃煤电厂实施生物质掺烧的经济可行性受多种因素影响。当煤炭价格处于高位、生物质燃料成本较低、相关技术成熟度较高以及政策支持力度较大时，生物质掺烧的经济效益相对较好。同时，在考虑我国未来碳交易体系的背景下，碳税对生物质掺烧技术的经济性及减排潜力具有显著影响，碳税的提高将增强生物质掺烧技术的经济可行性及降低碳排放的潜力。

4.2.2 绿氨掺烧技术的经济可行性

关于煤电掺氨降碳，中国、日本和韩国均已进行了较长时间的研究，有关的技术流程、难点、解决方案都已相对明确。2023 年，中国、日本在工程验证上连获突破，已具有一定的技术推广能力。

在掺氨燃烧技术的研发领域，日本较早地开始了探索。2017 年，日本 Chugoku 电力公司在其 156 MW 燃煤发电机组上进行了掺氨燃烧试验，掺入的氨量为 0.6%～0.8%，结果表明，适量的氨掺入并未导致氮氧化物排放量显著增加。日本中央电力研究所亦在 760 kW 的卧式锅炉上进行了氨煤混燃试验，掺入 20% 的氨，发现若在距离燃烧器 1.0 m 处加入氨，可实现与纯燃煤相似的氮氧化物排放水平。日本 JERA 公司也完成了 1 000 MW 燃煤发电机组掺氨工程的设计方案和数值模拟，并正在实施掺入 20% 氨的工程验证。同时，韩国、印度等国家对燃煤电厂掺氨燃烧的商业化应用进行评估和规划，计划自 2030 年起逐步增加氨燃料在发电行业中的使用比例。

尽管我国在掺氨燃烧技术领域的发展起步较晚，但进展速度迅猛。2021 年，国家能源集团成功研发了全尺寸氨煤气固两相燃烧器，并在一台 40 MW 燃煤锅炉上完成了掺氨 25% 的燃烧工业试验，证明我国在燃煤锅炉掺氨技术方面已达到国际先进水平。

2023 年 11 月，国家能源集团中国神华能源股份有限公司在台山电厂的 630 MW 煤电机组上成功实施了掺氨燃烧试验，该机组是全球范围内完成此类试验验证中容量最大的机组。该试验采用了氨煤预混燃烧技术，在 300 MW 和 500 MW 等多种工况下，机组掺氨燃烧均稳定运行，锅炉运行参数保持正常，氨的燃尽率达到 99.99%，氮氧化物的排放浓度保持稳定。现有试验验证了氨煤气固两相燃烧强化技术、等离子裂解技术等多种创新技术的优越性，并揭示了燃烧掺混方式对氮氧化物生成特性具有显著影响。2023—2024 年煤电掺氨燃烧相关项目进展如表 4.2 所示。

表 4.2　2023—2024 年煤电掺氨燃烧相关项目进展

年份	国家	项目	相关单位	参数
2023	中国	神华广东台山电厂 600 MW 燃煤发电机组掺氨示范	国家能源集团	300～500 MW
2023	中国	皖能铜陵发电公司 300 MW 燃煤机组掺氨示范	安徽省能源集团、合肥综合性国家科学中心能源研究院	300 MW，10%～35% 掺氨
2024	日本	爱知县碧南热电厂氨共燃项目	日本 JERA、IHI、日本 NEDO 组织	1 GW，20% 掺氨验证

综合分析，我国在煤电掺氨技术研发与工程实践方面已居于国际领先地位，技术与工程实践方面亦初步显示出可行性。煤电掺氨燃烧发电技术的储存 / 气化、混合燃烧、尾气处理 3 个环节的关键技术已取得进展，全链条已初步打通。

氨的储存 / 气化环节需要实现大流量、远距离的氨气供应。对于大型煤电机组，如 600 MW 机组，若进行 10% 掺氨，则满负荷下每小时需要供应氨约 28.8 t。目前，已有多种解决方案，如安徽能源集团开发的 20 t/h 双加热回路液氨高效蒸发器，实现了液氨的大量快速气化。

煤氨混合燃烧环节需要解决高比例掺氨火焰不稳定、氮氧化物超标等问题。为实现稳定燃烧，需要煤粉辅燃、等离子体空气等进行辅助。同时，燃烧过程中需严格控制燃烧条件，以避免产生过量的氮氧化物污染物。目前，国内外已开发出多种高比例、稳定的、低污染燃烧方案，如混氨式燃烧器方案和纯氨燃烧器方案，最高掺氨比例可达 35%。

无论是煤炭燃烧还是氨的燃烧，均会产生氮氧化物等含氮污染物。因此，尾气处理环节需要对氮氧化物及时进行检测及处理。传统脱硝技术如 SCR 或 SNCR 脱硝系统已能满足现阶段掺氨项目的需求。

国家发展改革委与国家能源局联合发布的《煤电低碳化改造建设行动方案（2024—2027 年）》明确界定了煤电掺氨项目的关键时间节点、技术要求以及减排目标。该行动方案指出，截至 2025 年，首批项目应全面启动，改造后的煤电机组需具备至少 10% 绿氨掺烧能力，且每度电的碳排放量相较于 2023 年同类型煤电机组的平均碳排放水平应减少约 20%。这反映出政府对掺氨燃烧技术的推广与应用给予了明确的政策支持，预示着该技术在煤电行业具有广阔的市场潜力。

煤炭电力行业中的掺氨燃烧技术在技术层面是切实可行的，并且已经获得了政策上的支持以及市场需求的推动。然而，为了实现该技术的大规模应用与推广，必须解决绿氨成本较高和转化效率较低的难题。掺氨燃烧技术的经济分析涉及多个方面，包括但不限于设备投资、燃料成本、运行成本以及碳减排收益等。

实施掺氨燃烧技术需要对现有的燃煤电厂进行改造，包括安装氨燃料供给系统、调整燃烧器和监控设备等。这些改造活动可能需要投入一定的成本，但相对而言，机组改造的成本可接受，因为改造工作主要集中在现有燃煤机组上，对锅炉主体结构和受热面的大幅改造需求不大，不涉及根本性的结构改变，主要是对现有燃煤机组进行混氨燃烧系统的升级。以安徽能源集团铜陵发电掺氨燃烧工程项目为例，该项目研制了国内最大的 20 t/h 双加热回路液氨高效蒸发器，并开发了长距离供氨气化控制系统。这些设备的投资成本虽然较高，但能够确保氨的稳定供应和高效利用，从而提高煤电厂的发电效率和经济效益。未来，随着技术的不断进步和设备的规模化生产，设备投资成本有望进一步降低。同时，政府和企业也可以通过设立科技项目、给予补贴政策等方式来降低设备投资成本。

氨的热值相对较低，仅为 18.6 MJ/kg，以 1 t 标准煤的热值为基准，提供等量能量大约需要 1.6 t 氨，因此燃料成本成为掺氨燃烧技术应用中的关键因素。目前，根据二氧化碳排放量的不同，可将氨划分为灰氨、蓝氨和绿氨。灰氨是指通过化石燃料采用传统热化学方法合成的氨；蓝氨是在灰氨的基础上增设了碳捕集与存储设施；而绿氨是利用可再生能源，通过电解水结合热化学方法或直接电化学合成的氨。目前，绿氨的价格较高，采用混氨燃烧技术会显著增加发电机组的单位电能成本。谭厚章等（2023）研究显示，利用可再生能源的富余电力生产绿氨的成本约为 2 180 元 /t，而使用电网电力生产绿氨的成本为 4 900 元 /t（表 4.3）。Cesaro 等研究预测，到 2040 年，许多地区的绿氨价格有望降至 400 美元 /t 以下，若电解槽技术实现乐观的成本降低，或使用更经济的可再生资源供应全球绿氨市场，绿氨价格甚至可能降至 300 美元 /t 以下。因此，随着光伏、风电等可再生能源发电成本的进一步降低，以及新型制氨技术的不断进步，绿氨价格有望下降，未来具有较大的成本降低潜力。

表 4.3　灰氨、绿氨的生产、储运成本

燃料	灰氨	绿氨（富余电力）	绿氨（电网电力）
低位热值 /（GJ/t）	18.8	18.8	18.8
生产成本 /（元 /t）	1 600	2 180	4 900
储运成本 /（元 /t，100 km）	150	150	150
储运成本 /（元 /t，500 km）	350	350	350
单位热值生产成本 /（元 /GJ，不包含储运）	85	116	261
单位热值使用成本 /（元 /GJ，包含储运 100 km）	93	124	269
单位热值使用成本 /（元 /GJ，包含储运 500 km）	104	135	279

续表

燃料	灰氨	绿氨（富余电力）	绿氨（电网电力）
计入 2020 年碳减排收益的单位热值总成本 /（元 /GJ）	＞98	123	267
计入 2030 年碳减排收益的单位热值总成本 /（元 /GJ）	＞98	117	261
计入 2050 年碳减排收益的单位热值总成本 /（元 /GJ）	＞98	107	251

注：1）“＞”是因为未来灰氢和灰氨可能需要额外购买碳排放配额；

2）计入碳减排收益的单位热值总成本运输距离以 300 km 计算时，储运成本根据 100 km 和 500 km 的储运成本差值得到。

燃煤电厂采用掺氨燃烧技术可能对发电效率产生一定影响，从而产生额外成本。一方面，氨的燃烧特性与煤粉存在差异，这要求对燃烧条件和设备进行调整以适应氨的燃烧；另一方面，若氨的掺烧比例过高，可能引起火焰不稳定和氮氧化物排放超标等问题，进而影响发电效率。然而，通过技术改进和燃烧条件的优化，可以最大限度地降低发电效率的损失。例如，采用高比例、稳定、低污染的燃烧方案以及优化燃烧器设计等，可以提升掺氨燃烧技术的发电效率。此外，随着技术的不断进步和经验的积累，未来掺氨燃烧技术的发电效率有望得到进一步提升。

燃煤电厂采用掺绿氨燃烧技术，具有显著的碳减排效果。通过掺烧绿氨，可以降低燃煤发电过程中的碳排放量，从而获得碳减排收益。碳减排收益的大小受到碳减排量、碳交易价格等多种因素的影响。以 600 MW 机组为例，若掺烧 10% 的氨，则每年可减少碳排放量约 100 万 t。若碳交易价格为 50 元 /t，则每年可获得约 5 000 万元的碳减排收益。随着碳交易市场的持续完善和碳交易价格的上升，未来碳减排收益有望进一步增长。

掺氨燃烧技术在燃煤电厂中作为一种创新的低碳发电方式，展现了其显著的优势和广阔的应用潜力。然而，该技术的经济成本受到多种因素的影响，包括氨的供应成本、设备投资成本、发电效率的损失以及碳减排带来的收益等，这些因素共同决定了掺氨燃烧技术经济成本的可控性和可优化性。随着技术的不断进步和政策的进一步支持，预计掺氨燃烧技术的经济成本将得到进一步降低。同时，随着可再生能源技术的持续发展和碳交易市场的日益完善，可再生能源制氨在燃煤电厂掺氨燃烧技术中的应用前景将更加广阔。

因此，建议政府与企业加强合作，共同促进燃煤电厂掺氨燃烧技术的发展与应用。通过建立科技项目、实施补贴政策、优化市场环境等措施，可以降低燃煤电厂掺氨燃烧技术的经济成本，并提升其市场竞争力。同时，应加强技术研发和示范验证工作，推动燃煤电厂掺氨燃烧技术的持续成熟和完善，为全球低碳减排目标的实现作出积极贡献。

4.2.3 CCUS 技术的经济可行性

CCUS 技术在煤炭电力行业是实现碳排放减少的核心技术之一。当前，CCUS 技术在我国煤炭电力行业已得到实际应用，并且该技术正逐步走向成熟。例如，国家能源集团在江苏泰州电厂实施的年捕集 50 万 t 二氧化碳的 CCUS 项目，作为亚洲规模最大的同类项目，其成功运行标志着我国在大规模煤炭电力 CCUS 技术领域取得了显著进步。另外，国家能源集团旗下的榆林锦界年捕集 15 万 t 二氧化碳的 CCUS 项目也已投入运行，并已进入生产阶段，这体现了我国在 CCUS 技术方面的工程实施能力。

CCUS 技术的主要流程涵盖了碳的捕获、运输和封存 3 个环节。目前，我国在二氧化碳捕获技术方面已建立了数十套万吨级的装置，并且在燃烧后碳捕获技术方面已具备较为成熟的应用实例。在运输方面，我国已经掌握了陆路车载运输和内陆船舶运输技术的商业化应用，而陆地管道运输技术尚处于中间试验阶段。

过去 10 年里，我国电力行业的碳排放强度下降了 19%，2023 年降至 0.56 $kgCO_2$/（kW・h），但仍高于亚太市场平均水平。仅靠传统的能源结构调整远不能按计划达到“双碳”目标，因此必须依靠 CCUS 技术存储和消纳。而目前由于其高昂的投资和运营成本，在我国并未广泛付诸实践。近年来，随着政府补贴机制的逐渐成熟以及国内碳市场的日益完善，火电机组 CCUS 改造的各项成本均呈现下降趋势。

为明确火电机组应用 CCUS 技术的经济性，众多研究者已进行了深入研究。王立健等（2018）以 660 MW 机组为例，对参考机组与碳捕集机组的建设成本及发电成本进行了详细计算，研究显示，在相同的运行条件下，碳捕集机组相较于参考机组的发电成本增加了 65.6%，而碳减排成本达到 2 045.787 元 /t。韩中合等（2015）以 660 MW 超临界燃煤机组为对象，提出了碳捕集系统与燃煤机组的整合方案，并进行了经济性分析，计算结果显示，整合机组的发电成本上升了 0.171 元 /（kW · h）。牛红伟等（2014）针对 3 个规模相同但地理位置不同的燃煤电厂，将它们与不同位置的油田进行组合，并对不同情境下各环节可能产生的费用进行了分析，研究表明，在项目建设和运行的总成本中，捕集及压缩费用约占 70%。刘骏等（2023）以我国西北某省的火电装机为研究对象，综合考虑了项目建设成本、捕集成本和碳利用收益等因素，分析了在完整项目周期内不同 CCUS 改造方案对总成本的影响，研究表明，CCUS 全流程改造将导致全省电价上涨 0.077 8～0.101 0 元 /（kW · h）。

整体而言，火电机组应用 CCUS 技术成本主要包括捕集、运输和封存 3 个环节。捕集环节的成本最高，尤其是燃烧后捕集技术需要消耗大量能源和化学吸收剂。运输成本受运输方式和距离影响，管道运输虽然单位成本较低，但前期投资大。封存成本取决于封存地点和封存方式，矿化封存技术成本相对较低，但寻找合适的封存地点具有挑战性。

现阶段煤电厂应用 CCUS 技术的改造、运营成本仍相对较高，仍需要政府通过补贴、税收优惠等方式支持 CCUS 技术的研发和应用，以及金融机构提供贷款等金融支持，促进 CCUS 技术的商业化进程。

4.3 煤电行业主要污染物减排途径

4.3.1 源头控制

煤电行业主要污染物源头控制途径主要包括煤炭燃料管理、设备改造与运行管理、掺烧非煤燃料 3 个方面。

4.3.1.1　煤炭燃料管理

煤炭作为煤电厂的主要燃料，其质量直接决定了燃烧过程中产生的污染物种类和排放量。煤炭中的有害成分，如硫、氮、磷等，在燃烧时会产生二氧化硫、氮氧化物和氨等气体，这些气体不仅污染大气，还对动植物生长和人类健康构成危害，同时腐蚀金属设备。煤炭的质量指标主要包括热值、硫分、灰分、水分、挥发分等。这些指标不仅影响煤炭的燃烧性能，还直接关系污染物的生成和排放。

由此可见，煤炭质量与各项污染物排放之间存在密切关系，煤电厂可采取以下措施从燃料源头控制污染物产生：

①加强煤炭质量管理：制定入厂燃料验收管理制度，在煤炭采购、储存和使用过程中加强质量管理，确保煤炭质量符合相关标准和要求。

②加强检测控制煤炭质量：通过按批次开展发热量、灰分、挥发分、全水分、硫分等煤质化验，控制燃料中的灰分、硫分等指标满足环保设施处置能力，尽可能选用硫含量和灰分含量较低的煤炭作为燃料，以减少二氧化硫和颗粒物的排放。

③优化燃烧技术：采用先进的燃烧技术和设备，提高煤炭的燃烧效率和稳定性，减少污染物的生成和排放。

4.3.1.2　设备改造与运行管理

煤电机组改造升级是提高煤电清洁高效利用水平、减少电煤消耗、促进清洁能源消纳，从源头减少污染物排放的重要举措。煤电厂设备改造与运行管理包括实施超低排放改造、开展“三改联动”、精细化管理等方面。

（1）实施超低排放改造

2015 年，环境保护部、国家发展改革委、国家能源局发布《全面实施燃煤电厂超低排放和节能改造工作方案》，明确了对燃煤电厂超低排放改造的目标、时间表、路线图以及激励措施，并通过电价补贴、排污费激励、财政支持等方式鼓励各燃煤电厂开展超低排放改造。2024 年正在征求意见的《关于高质量推进实施燃煤锅炉超低排放的意见》更是要求到 2028 年年底前，重点区域煤炭年运输量 10 万 t 及以上的燃煤锅炉使用企业基本完成清洁运输改造；自备电厂基本完成全流程超低排放改造。

燃煤电厂超低排放的主要指标包括烟尘、二氧化硫、氮氧化物等污染物的排放浓度，通常要求在基准氧含量 6% 条件下，烟尘、二氧化硫、氮氧化物排放浓度分别不高于 10 mg/m^3、35 mg/m^3、50 mg/m^3（部分超超低排放改造目标更低）。

超低排放改造范围基本涵盖全国范围内的燃煤电厂，特别是重点区域的燃煤电厂与自备电厂。燃煤电厂超低排放改造的方式多种多样，主要包括以下几种：

①除尘改造：采用电袋复合除尘技术代替静电除尘技术。电袋复合除尘技术融合了电除尘的荷电除尘和袋除尘的过滤拦截技术，具有排放稳定、使用时间长、不受煤质变化影响等优点。

对静电除尘器进行改造，如设置旋转电极、使用高频电源等，以提高除尘效率。

②脱硫改造：改造脱硫系统，如增加脱硫塔喷淋层、使用更高效的脱硫剂、优化脱硫塔内部结构等，以提高脱硫效率。

实施双吸收塔串联技术，即新建一座吸收塔与原吸收塔串联，形成顺流塔与逆流塔的串联，整体脱硫效率可达 98% 以上。

③脱硝改造：采用选择性催化还原（SCR）技术，通过增加催化剂层数、优化喷氨系统等措施提高脱硝效率。

对脱硝系统进行精细化控制，降低氨逃逸率，提高脱硝效果。

④其他辅助措施：加强无组织排放控制，对物料输送、储存、制备过程等无组织排放源采取密闭、封闭等有效控制设施。

实施清洁运输改造，提高燃煤锅炉及自备电厂燃料等物料的清洁运输比例。

（2）开展“三改联动”

《国家发展改革委　国家能源局关于开展全国煤电机组改造升级的通知》（发改运行〔2021〕1519 号）明确提出，要推动煤电节能降耗改造、供热改造、灵活性改造的“三改联动”，推广应用煤电机组汽轮机提效改造、余热深度利用和灵活供热等先进节能降碳技术，持续降低机组能耗。《煤电低碳化改造建设行动方案（2024—2027 年）》更是统筹推进存量煤电机组低碳化改造和新上煤电机组低碳化建设，绘制出煤电低碳化改造的路线图，明确到 2027 年，煤电低碳化改造相关项目度电碳排放较 2023 年同类煤电机组平均碳排放水平降低 50% 左右，接近天然气发电机组碳排放水平。

“三改联动”主要包括节能降耗改造、供热改造和灵活性改造 3 个方面。

①节能降耗改造是对供电煤耗在 300 g 标准煤 /（kW・h）以上的煤电机组实施节能改造，对无法改造的机组逐步淘汰关停，并视情况将具备条件的转为应急备用电源。节能降耗改造具体途径包括开展汽轮机通流改造、锅炉和汽轮机冷端余热深度利用改造、煤电机组能量梯级利用改造以及探索高温亚临界综合升级改造，降低煤电机组的煤耗和二氧化碳排放，提高发电效率。

②在供热改造方面鼓励现有燃煤发电机组替代供热，积极关停采暖和工业供汽小锅炉，对城市或工业园区周边具备改造条件且运行未满 15 年的在役纯凝机组实施采暖供热改造，增加供热设备，优化供热系统，可以提高能源利用效率，减少分散小锅炉的污染物排放。

③灵活性改造则要求存量煤电机组应改尽改，通过优化机组控制系统、实现热电解耦等方式提升其灵活性，提升煤电机组的负荷调节能力，适应新能源接入电网后的波动性需求。

通过实施“三改联动”，煤电机组将实现能效水平、环保水平和灵活调节能力的全面提升，为构建以新能源为主体的新型电力系统提供有力支撑，实现各项污染物的全面减排。

（3）精细化管理

燃煤电厂通过开展燃烧控制、火电小指标管理、污染物治理设施运行管理等措施可以优化机组运行方式，持续降低污染物的排放。

一方面，燃煤机组通过精确调整燃烧参数，如燃料与空气的混合比例、燃烧温度等，确保燃料充分燃烧，可以减少不完全燃烧产生的污染物。采用先进的在线分析软件，定期对机组和主要设备性能进行耗差分析，优化燃烧过程，进一步降低污染物排放。

另一方面，燃煤机组在运行过程中加强火电小指标管理，持续优化设备运行方式和机组参数，加强机组主 / 再热蒸汽温度、飞灰（炉渣）可燃物、凝汽器真空、加热器端差等小指标管理，既可以确保机组处于最佳运行状态，又可以最大限度地减少污染物排放。

通过加强对脱硫、脱硝、除尘等环保设施的运行维护，定期对环保设施进行检修和升级改造，确保其稳定运行并达到设计要求，可以提高大气污染物的去除效率。

4.3.1.3 掺烧非煤燃料

燃煤电厂掺烧非煤燃料是当前煤电行业低碳绿色化改造的重要方向之一，其中生物质掺烧和绿氨掺烧被广泛应用。

（1）生物质掺烧

作为天然的碳中和燃料，生物质资源具有零碳排放优势，经过资源化预处理后，燃烧热值相当于煤炭的 2/3，既能够代替传统燃煤，也具有极高的生态效益。《煤电低碳化改造建设行动方案（2024—2027 年）》将生物质掺烧列为改造建设的首要方式之一，利用农林废弃物、沙生植物、能源植物等生物质资源，综合考虑生物质资源供应、煤电机组运行安全要求、灵活性调节需要、运行效率保障和经济可行性等因素，实施煤电机组耦合生物质发电。改造建设后，煤电机组应具备掺烧 10% 以上生物质燃料能力，燃煤消耗和碳排放水平显著降低。

生物质掺烧是指在燃煤电厂中，将生物质燃料与燃煤按一定比例混合后送入锅炉进行燃烧发电。在燃烧过程中，生物质燃料中的碳元素与氧元素结合生成二氧化碳和水蒸气，同时释放出热量用于发电。

我国众多电厂已开始探索将生物质与燃煤相结合的发电方式。2005 年 12 月，我国首个秸秆与煤粉混合燃烧发电项目在华电国际十里泉发电厂正式投入运行。截至 2012 年，国电荆门电厂利用其 640 MW 燃煤发电机组，成功建设了燃煤与生物质耦合发电项目，其等效生物质发电容量达到 10.8 MW，获得了生物质发电国家统一价格补贴。2022 年，华能日照电厂的 680 MW 机组耦合生物质发电示范项目顺利完成试运行，该项目成为国内首个大型燃煤机组与生物质发电相结合的示范项目，其设计生物质发电容量为 34 MW。

在大容量燃煤火电厂中实现煤和生物质混烧的方式包括直接混合燃烧、间接混合燃烧、并联燃烧 3 种。

1）直接混合燃烧。在燃烧过程中直接进行生物质燃料与煤粉的混烧，需将生物质燃料预先处理至适宜与煤粉混烧的状态，并直接送入炉膛。在煤粉炉中直接混烧生物质燃料有以下 3 种方法：

①同磨同燃烧器混烧法。生物质与煤在给煤机上游混合后，一同送入磨煤机，再将混合燃料送至燃烧器。该方法成本最低，但生物质与煤在磨煤机中混合研磨会显著影响磨煤机性能，因此仅适用于有限种类的生物质，且生物质混合燃烧必须低于 5%。

②异磨同燃烧器混烧法。生物质燃料的输送、计量和粉碎设备与煤粉系统分离，粉碎后的生物质燃料被送至燃烧器上游的煤粉管道或煤粉燃烧器。该方法系统较为复杂，控制和维护燃烧器较为困难。

③异磨异燃烧器混烧法。生物质燃料的输送和粉碎系统与煤粉系统分离，但采用特殊设计的生物质燃烧器。该方法虽然投资成本较高，但对锅炉正常运行的干扰最小。

直接混烧的效果受生物质燃料种类的影响。木质生物质较为均匀，粉碎至最大尺寸 2 mm 时，可与煤粉在同一燃烧器上使用。秸秆类生物质燃料的处理、粉碎以及与煤粉的混烧则需要特殊技术。

2）间接混合燃烧。生物质先在气化炉中进行气化，气化产生的生物质煤气喷入煤粉炉中实现混烧。该方法投资高于直接混烧。生物质气化产生的煤气为低热值煤气，其热值主要取决于燃料的含水量。通常采用循环流化床气化炉，产生的温度为 800～900℃的热煤气通过管道直接送入燃煤锅炉炉膛，煤气无须净化和冷却。此外，气化的生物质煤气可作为降低氮氧化物排放的燃料分级燃烧（再燃法）的二次燃料，这是间接混烧的另一优势。

3）并联燃烧。在蒸汽侧实现“混烧”，即燃烧生物质的为单独的纯燃生物质锅炉，但锅炉的蒸汽参数与燃煤锅炉相同。将纯燃生物质锅炉产生的蒸汽并入煤粉炉的蒸汽管网，共用汽轮机实现发电。并联燃烧采用与煤燃烧系统完全分离的生物质燃烧系统，专门的纯生物质燃烧锅炉或用于给主燃煤锅炉加热给水，或用于产生蒸汽，其产生的蒸汽输送至主燃煤锅炉的蒸汽系统；

其投资高于前两种方案。并联燃烧的优点有以下几点：

①可利用燃煤主锅炉的高效发电系统提高转化效率。

②可采用专门燃烧生物质的锅炉，从而增加了燃煤电厂混烧难以使用的生物质燃料的可能性，例如碱金属和氯元素含量较高的秸秆。

③生物质灰和煤灰是分开的，便于对灰渣分别处理。

（2）绿氨掺烧

绿氨掺烧是指利用风电、太阳能发电等可再生能源富余电力，通过电解水制绿氢并合成绿氨，然后在燃煤机组中掺烧绿氨发电，以此替代部分燃煤。氨作为一种能量密度较高的能源载体，具备储存和长距离运输的便利性。其燃烧后主要产生水和氮气，因此，绿色氨能够作为零碳燃料，减少火力发电厂对煤炭的依赖，进而降低碳排放。相较于其他技术路径，通过掺入氨的改造，煤电机组能够利用相对较低的改造成本，挖掘火力发电厂的碳减排潜力。

当前，众多企业已经顺利进行了煤电机组掺氨燃烧的试验验证工作。2023 年 4 月，皖能铜陵发电有限公司的 300 MW 燃煤机组在多种工况负荷下实现了掺氨 10%～35% 的稳定运行，其最大掺氨量超过 21 t/h，氨的燃尽率达到 99.99%，此举填补了多项技术领域的空白。2023 年 12 月，国能广东台山发电厂的 600 MW 煤电机组在高负荷发电工况下成功进行了掺氨燃烧的试验，成为迄今为止在国内外完成此类试验验证中容量最大的机组。

绿氨掺烧技术路径涵盖了氨储存与气化、混合燃烧两大关键环节，需要增设氨气输送管道和氨燃烧器（纯氨燃烧器或氨煤混合燃烧器）等设备，在厂区内增设氨储存与供应系统。在掺烧之前，绿氨必须经过储存和气化处理。储存环节需解决大流量、长距离氨气供应的挑战；而气化环节则致力于实现氨气的高效和快速转换。随后，气化后的氨气与煤粉混合，并送入锅炉进行燃烧。在混合燃烧过程中，要重点关注两方面技术问题，一是氨气与煤粉混燃的燃烧稳定性问题；二是混燃后氮氧化物的排放控制问题。

4.3.2 废气污染物减排途径

煤电厂的废气污染物主要包括烟尘、二氧化硫、氮氧化物、汞及其化合物，采取电除尘、袋式除尘、湿法脱硫、干法脱硫、SCR 技术、SNCR 技术等措施可明显降低煤电厂烟气中的污染物。

4.3.2.1　烟尘减排途径

燃煤电厂烟气除尘主要途径包括电除尘、电袋复合除尘和袋式除尘技术，各电厂具体的除尘技术应根据环保要求、燃煤性质、飞灰性质、现场条件、电厂规模和锅炉类型等进行选择。

（1）电除尘

电除尘技术是在高压电场内，使悬浮于烟气中的烟尘或颗粒物受到气体电离的作用而荷电，荷电颗粒在电场力的作用下，向极性相反的电极运动，并吸附在电极上，通过振打、水膜清除等使其从电极表面脱落，实现除尘的全过程。依据电极表面灰的清除是否用水，分为干式电除尘和湿式电除尘。干式电除尘常被称作电除尘，湿式电除尘常被称作湿电。为电除尘器供电的电源主要有高频电源、三相电源、恒流电源、脉冲电源和工频电源等。

电除尘器除尘效率可达 99.20%～99.85%，出口烟尘浓度可控制在 20 mg/m^3 以下，其能耗主要为电耗。电除尘器使用高频、脉冲等新型电源供电，与使用工频电源供电相比，可减少污染物排放或在同等除尘效率下实现节能。

现阶段电除尘发展了低低温电除尘技术、湿式电除尘技术、高频电源技术、脉冲电源技术、机电多复式双区电除尘技术、电凝聚技术等众多方向。

（2）袋式除尘

袋式除尘技术是利用纤维织物的拦截、惯性、扩散、重力、静电等协同作用对含尘气体进行过滤的技术。当含尘气体进入袋式除尘器后，颗粒大、比重大的烟尘，由于重力的作用沉降下来，落入灰斗，烟气中较细小的烟尘在通过滤料时被阻留，使烟气得到净化，随着过滤的进行，阻力不上升，需进行清加。按清灰方式分为脉冲喷吹类、反吹风类及机械振打类袋式除尘器。电厂主要采用脉冲喷吹类袋式除尘器，可采取固定喷吹方式或旋转喷吹方式。

袋式除尘器的除尘效率可达 99.50%～99.99%，出口烟尘浓度可控制在 30 mg/m^3 或 20 mg/m^3 以下。当采用高精过滤滤料时，出口烟尘浓度可以控制在 10 mg/m^3 以下。袋式除尘器的能耗主要为引风机系统和空压机系统的电耗。

袋式除尘技术的发展方向主要为针刺水刺复合滤料技术和大型化袋式除

尘技术，通过采用先进的滤料和运行方式，延长滤袋寿命和提高过滤精度，进一步减少污染物排放的同时可降低生产成本，提高经济性。

（3）电袋复合除尘

电袋复合除尘技术是电除尘与袋式除尘有机结合的一种复合除尘技术，利用前级电场收集大部分烟尘，同时使烟尘荷电，利用后级袋区过滤拦截剩余的烟尘，实现烟气净化，具有长期稳定低排放、运行阻力低、滤袋使用寿命长、运行维护费用低、占地面积小、适用范围广等特点。电袋复合除尘器按照结构型式可以分为一体式电袋复合除尘器、分体式电袋复合除尘器和嵌入式电袋复合除尘器。其中，一体式电袋复合除尘器技术最为成熟，应用最为广泛。

电袋复合除尘器能够长期稳定保持污染物达标或超低排放，除尘效率可达 99.50%～99.99%，出口烟尘浓度通常在 20 mg/m^3 以下，极大地减少了煤电厂烟尘的排放。

电袋复合除尘技术的前沿技术包括金属滤料研发、电袋协同脱汞等方面，采用金属材质原料并经特殊制造工艺制成多孔过滤材料，提升过滤性能，同时耐高温、耐腐蚀性。

4.3.2.2　二氧化硫减排途径

二氧化硫控制技术与氮氧化物控制技术相似，可以分为燃烧前控制技术、燃烧中控制技术和燃烧后控制技术。

燃烧前控制技术是利用物理、化学、生物方法，或是多种技术联合使用的综合工艺致使煤炭转化脱硫。燃烧中控制技术主要指清洁燃烧技术，旨在提高燃料利用效率，主要指的是型煤固硫技术、循环流化床燃烧技术和水煤浆燃烧技术等方法。燃烧后控制技术指的是烟气脱硫技术（FGD），是目前世界上应用最广、最有效、可适用于各种机组和燃煤状况的二氧化硫控制技术，按照操作特点又可分为干法脱硫、湿法脱硫和半干法脱硫。目前，湿法脱硫是应用最多的一类技术。该技术采用价廉易得的石灰石作为脱硫吸收剂，用湿式球磨机将≤20 mm 的石灰石块磨制成石灰吸收浆液。在吸收塔内，吸收浆液与烟气接触混合，烟气中的二氧化硫与浆液中的碳酸钙以及鼓入的氧化空气进行化学反应后被脱除，再经除雾器除去夹带的细小液滴，净烟气经烟道排入烟囱排放，最终反应产物为石膏（二水硫酸钙）。脱硫石膏浆液经脱水装置脱水后回收，实现吸收浆液的循环利用，因此脱硫吸收剂利用率很高。湿法脱硫工艺选择使用钙基、镁基、海水和氨等碱性物质作为液态吸收剂，在实现二氧化硫达标或超低排放的同时，具有协同除尘功效，辅助实现烟气颗粒物超低排放。干法脱硫、半干法脱硫工艺主要采用干态物质（如消石灰、活性焦等）吸收、吸附烟气中的二氧化硫。煤电厂主要二氧化硫处理及减排技术对比如表 4.4 所示。

表 4.4　煤电厂主要二氧化硫处理及减排技术对比

脱硫技术	去除效率	优点	局限性
石灰石 - 石膏湿法脱硫	≥95%	应用最为广泛，其所需的吸收剂在市场上易于获取，且成本较低，脱硫过程中产生的副产品也具有回收再利用的潜力	无法去除二噁英等特定污染物
氨法脱硫	≥85%	脱硫效率高，在脱硫过程中不产生废水和其他有害废弃物，符合环保要求，同时副产物硫酸铵具有农用肥料的潜力	氨的储运安全性以及氨逃逸等问题尚需进一步研究解决
烟气循环流化床脱硫	70%～85%	具有低成本、占地小、系统简洁、节能节水、运维经济、抗腐蚀性强等优势	该脱硫技术对吸收剂 CaO 的品质要求严苛，价格高昂且获取困难，同时产生的脱硫灰难以有效综合利用
海水脱硫	≥90%	简洁易行，投资及运行成本低廉，不会对海洋生态造成污染，同时确保高脱硫效率	脱硫废水排放对海洋生态有不良影响
氧化镁法脱硫	95%～98%	高效、经济、可靠，副产物利用潜力大，且无二次污染	氧化镁市场价格昂贵，且供应稀缺

（1）石灰石 - 石膏湿法脱硫

石灰石 - 石膏湿法脱硫的技术成熟度高，可根据入口烟气条件和排放要求，通过改变物理传质系数或化学吸收效率等调节脱硫效率，脱硫效率可达 99.7%，还可部分去除烟气中的三氧化硫、颗粒物和重金属。石灰石 - 石膏湿法脱硫技术以含石灰石粉的浆液为吸收剂，吸收烟气中二氧化硫、氟化氢和盐酸等酸性气体，主要包括吸收系统、烟气系统、吸收剂制备系统、石膏脱水及贮存系统、废水处理系统、除雾器系统、自动控制和在线监测系统。

新研发的复合塔技术是在脱硫塔底部浆液池及其上部的喷淋层之间以及各喷淋层之间加装湍流类、托盘类、鼓泡类等气液强化传质装置，形成稳定的持液层，提高烟气穿越持液层时气液固三相传质效率，通过调整喷淋密度及雾化效果，改善气液分布。这些二氧化硫脱除增效手段还具有协同捕集烟气中颗粒物的辅助功能，再配合脱硫塔内、外加装的高效除雾器或高效除尘除雾器，复合塔系统的颗粒物协同脱除效率可达 70% 以上。该类技术目前应用较多的工艺包括旋汇耦合、沸腾泡沫、旋流鼓泡、双托盘、湍流管栅等。

（2）氨法脱硫

氨法脱硫技术是溶解于水中的氨与烟气中的二氧化硫发生反应，最终副产品为硫酸铵，作为化肥原料可实现资源回收利用。氨水碱性强于石灰石浆液，可在较小的液气比条件下实现 95% 以上的脱硫效率。该技术要求入口烟气含尘量小于 35 mg/m^3，采用空塔喷淋技术，系统运行能耗低，且不易结垢。

氨法脱硫技术主要用于工业企业的自备电厂，主要采用多段复合型吸收塔氨法脱硫工艺，对煤种适应性好，在低、中、高含硫烟气治理上的脱硫效率达 99% 以上。

（3）烟气循环流化床脱硫

烟气循环流化床脱硫是利用循环流化床反应器，通过吸收塔内与塔外的吸收剂的多次循环，增加吸收剂与烟气接触时间，提高脱硫效率和吸收剂的利用率，脱硫效率达到 93%～98%，具有工艺流程简洁、占地面积小、节能节水、排烟无须再热、烟囱无须特殊防腐、无废水产生等特点。该技术适用于燃用中低硫煤或有炉内脱硫的循环流化床机组，特别适合缺水地区。

（4）海水脱硫

海水脱硫技术是利用天然海水的碱性，脱除烟气中的二氧化硫，再用空气强制氧化为硫酸盐排入海水中，以海水为脱硫吸收剂，除空气外无须其他添加剂，工艺简洁、运行可靠、维护方便。适用于燃煤含硫量不高于 1%、有较好海域扩散条件的滨海燃煤电厂，须满足近岸海域环境功能区划要求。

海水脱硫效率为 95%～99%，对于入口二氧化硫浓度小于 2 000 mg/m^3 的烟气可实现超低排放。

（5）脱硫新途径

脱硫新途径主要包括电子束脱硫、活性焦（炭）脱硫、双碱法脱硫、氧化镁法脱硫等。

①电子束脱硫利用电子束照射烟气，使烟气中的二氧化硫和氮氧化物发生氧化反应，生成硫酸和硝酸，然后通过吸收剂（如氨水或石灰石等）吸收，生成硫酸铵或硝酸铵。这一技术具有脱硫效率高、可同时脱除二氧化硫和氮氧化物等优点，但设备投资大、运行维护复杂。

②活性焦（炭）脱硫利用活性焦（炭）的吸附性能，吸附烟气中的二氧化硫，并通过加热或再生过程释放吸附的二氧化硫。这一工艺具有脱硫效率高、可回收硫资源等优点，但活性焦（炭）的再生和更换成本较高。

③双碱法脱硫利用两种碱性物质（如氢氧化钠和碳酸钠）进行分段脱硫。首先，利用氢氧化钠与烟气中的二氧化硫反应生成亚硫酸钠；然后，利用碳酸钠与亚硫酸钠反应生成硫酸钠和二氧化硫。这一工艺具有脱硫效率高、可回收硫资源等优点，但运行成本较高。

④氧化镁法脱硫以氧化镁为脱硫剂，与烟气中的二氧化硫反应生成硫酸镁。这一工艺具有脱硫效率高、产物附加值高等优点，适用于各种规模的电站锅炉和其他工业窑炉的烟气脱硫。

这些新途径的脱硫技术为煤电厂提供了多种选择，根据不同的应用场景和需求，可以选择最适合的脱硫方法，以达到最佳的脱硫效果和性价比。

4.3.2.3　氮氧化物减排途径

大气污染物中 70% 的氮氧化物源自煤炭的燃烧，其中绝大部分来自煤电行业。因此，氮氧化物的减排成为煤电厂生态环境保护的关键措施之一。可行的氮氧化物减排途径包括低氮燃烧技术、SCR、SNCR 和联合脱硝技术（SNCR-SCR）。煤电厂主要氮氧化物处理及减排技术对比如表 4.5 所示。

表 4.5　煤电厂主要氮氧化物处理及减排技术对比

技术	分类	去除效率	特点
低氮氧化物燃烧技术	再燃技术	40%～60%	采用该技术需要对原燃烧和制粉系统及燃烧炉进行较大的改造
	空气分级燃烧技术	15%～30%	二段空气量过多会导致燃烧不完全，损失增加；而煤粉炉在还原气氛下易结渣、受腐蚀
	烟气再循环技术	—	随着烟气再循环量的增加，燃烧趋于不稳定，不完全燃烧损失增大
烟气脱硝技术	SCR	80%～90%	无副产物、无二次污染、结构简单、易于维护、缺点是投资和运营成本高
	SNCR	40%～60%	优点是工艺简单、操作方便、无须催化剂床、初期投资低。缺点是温度要求较高，反应不完全，氨逸出率较高。该技术更适合于在役单位的改造
	混合 SNCR-SCR 催化还原组合方法	≥80%	优点是省去了在 SCR 烟道中设置的复杂的注氨系统，大大减少了催化剂的用量，减少了下游设备的腐蚀，脱硝效率高且可调节
	湿式氮氧化物吸收系统	≥90%	O_3 极难生产，$KMnO_4$ 价格昂贵，初期投资和运行成本高，因此较少使用

（1）低氮燃烧

氮氧化物减排首要的为低氮燃烧技术，在不改变炉膛结构的前提下，通过合理配置炉内流场、温度场及物料分布以改变氮氧化物的生成环境，从而降低炉膛出口氮氧化物排放的技术，低氮燃烧技术可以使火电厂氮氧化物的排放量减少 20%～40%。低氮燃烧技术主要包括低氮燃烧、空气分级燃烧、燃料分级燃烧等技术。

低氮燃烧主要适用于燃烧器多层布置的燃煤电厂锅炉，在保持总风量不变的条件下，通过调整各层燃烧器的燃料和空气分配，让部分燃料在空气不足条件下燃烧（过浓燃烧），另一部分在空气过剩的条件下燃烧（过淡燃烧），热力型、燃料型氮氧化物的生成量都会减少。

空气分级燃烧是目前使用最为广泛、技术最为成熟的低氮燃技术，是将燃烧所需的空气量分成两股送入。空气分级燃烧技术在燃用挥发分较高的烟煤时，配合低氮燃烧器使用，在不降低锅炉效率的同时，可实现氮氧化物减排 40%～60%。燃料分级燃烧技术氮氧化物减排率可达 30%～50%。

在第一阶段（贫氧燃烧区），主要目的是抑制热力型氮氧化物的生成；在后续阶段，通过补充空气（燃尽风）使燃料完全燃烧，总体上可使氮氧化物生成量降低 30%～40%。燃料分级技术则是将锅炉炉膛分成主燃区、再燃区和燃尽区，主燃区投入 80%～85% 的燃料，在过量空气条件下燃烧并生成氮氧化物；在再燃区其余 15%～20% 的燃料在缺氧条件下形成还原气体，将主燃区产生的氮氧化物还原成氮，同时抑制新的氮氧化物产生；最后未燃尽物在燃尽区充分燃烧，氮氧化物整体生成量可减少 50%～60%。由于低氮燃烧技术有时会降低燃烧效率，造成不完全燃烧，氮氧化物的减排效果也有限，所以对氮氧化物去除效果要求比较高的燃煤电厂已经开始实行以 SCR 和 SNCR 为代表的烟气脱硝技术。

（2）SCR

SCR 是使用最为广泛、最为成熟且最有成效的一种烟气脱硝技术，即在一定的温度（280～420℃）和催化剂的作用下，有选择地把烟气中的氮氧化物还原为无毒无污染的氮和水，常用的还原剂包括碳氢化合物（如甲烷、丙烯等）、氨、尿素。系统一般由还原剂储存系统、还原剂混合系统、还原剂喷射系统、反应器系统及监测控制系统等组成。

SCR 技术关键是选择良好的催化剂，其中金属氧化物 V_2O_5 具有活性好，表面呈酸性，容易将碱性的氨捕捉到催化剂表面，特定氧化优势有利于将氨和氮氧化物转化为氨水和水，工作温度较低，抗中毒能力较强等优点，目前应用最为广泛。燃煤电厂所用的 V_2O_5 催化剂一般为负载在锐钛矿晶型 TiO_2 上的钒氧化物，辅以钨和钼为助催化剂，敷于陶瓷介质上或做成蜂窝状。SCR 脱硝技术反应温度较低，理想状态下脱硝效率≥90%。但烟气中某些污染物会使催化剂中毒，或是高分散的粉尘微粒覆盖在催化剂表面后降低其活性，整体投资与运行费用较高。SCR 脱硝技术对煤质变化、机组负荷波动等具有较强适应性，可以根据烟气特点选择适用的催化剂。

（3）SNCR

SNCR 技术是指在不使用催化剂的情况下，在炉膛烟气温度适宜处（850～1 150℃）喷入含氨基的还原剂（一般为氨水或尿素等），利用炉内高温促使氨和氮氧化物发生反应，将烟气中的氮氧化物还原为氮和水。典型的 SNCR 系统由还原剂储存系统、还原剂喷入装置及相应的控制系统组成。

与 SCR 技术相比，SNCR 不需要催化反应器，占地面积较小，初始投资低，建设周期短，改造方便，运行维护简单，比较适合于对中小型电厂锅炉的改造，以降低其氮氧化物排放量。但 SNCR 脱硝技术对温度窗口要求严格，对机组负荷变化适应性差，适用于小型煤粉炉和循环流化床锅炉。由于存在反应剂和运载介质（空气）的消耗量大、对温度要求严格、氨的泄漏量大等缺点，SNCR 脱硝技术并没有在我国广泛应用，多用作低氮燃烧技术的补充处理手段。

煤粉炉采用 SNCR 脱硝技术的脱硝效率为 30%～40%，循环流化床锅炉采用 SNCR 脱硝技术的脱硝效率为 60%～80%。

（4）SNCR-SCR 联合脱硝

SNCR-SCR 联合脱硝技术是将 SNCR 与 SCR 组合应用，即在炉膛上部的高温区域（850～1 150℃）采用 SNCR 技术脱除部分氮氧化物，再在炉外采用 SCR 技术进一步脱除烟气中的氮氧化物。SNCR-SCR 联合脱硝系统一般由还原剂储存系统、还原剂混合喷射系统、反应器系统及监测控制系统等组成。

与 SCR 脱硝技术相比，SNCR-SCR 联合脱硝技术中的 SCR 反应器一般较小，催化剂层数较少，适用于受空间限制无法加装大量催化剂的中小型机组，一般利用 SNCR 的逃逸氨进行脱硝，脱硝效率为 55%～85%。

4.3.3 水污染物减排途径

煤电行业为高耗水行业，国家对其废水污染物排放日渐重视。废水类型包括酸碱废水、冲灰废水、脱硫废水、含油废水、工业冷却水排水、化学水处理系统酸碱再生废水、过滤器反洗废水、锅炉清洗废水等。由于煤电行业生产废水类型多，各类废水的污染物种类、含量和排量也相差巨大，通常需要分开处理。同时，系统之间涉及水的串复用，水平衡非常复杂，水污染减排途径也不尽相同。因此，煤电厂通常针对不同类型的废水采用相适应的污染物减排技术。

4.3.3.1　常规废水污染物处理及减排途径

（1）酸碱废水

煤电厂化学水处理工艺过程中可能会产生酸碱废水，多采用中和处理，即采用加酸或碱调节 pH 至 6～9，出水直接排放或回用。煤炭输送及煤场产生的含煤废水一般采用混凝沉淀、澄清和过滤处理的途径去除废水中悬浮物（主要是煤粉）。水力除灰方式产生的冲灰废水一般采用物理沉淀法处理后循环使用。

（2）冲灰废水

冲灰废水主要来源于燃煤发电企业冲洗炉渣和除尘器排灰产生的废水，可再细分为灰水与渣水。通常，灰水的污染物种类和含量与燃煤种类、燃烧方式和输灰方式有关，主要的污染物因子是悬浮物、pH；渣水除温度、悬浮物外与原水指标相近，性状较为稳定。由于冲灰废水产生量较大，占所有生产废水产生量的 40%～50%，大部分燃煤电厂会对其进行处理后循环利用。

灰水具有 Ca^{2+} 及含盐量高、稳定性差、pH 高等特点，需要解决结垢问题，常用的处理办法有加酸处理、电磁法和阻垢剂法。加酸处理是向灰水中投加酸性试剂（如盐酸、硫酸），降低碳酸钙的沉淀量或使其不析出，达到阻垢的目的。该技术运行成熟，但由于需要额外投加化学药剂，不仅增加运行成本，也会增加水体含盐量，一般是在灰水 pH 处于相对不高的水平或存在废酸可利用时才会使用该技术。电磁法则是通过向灰水施加高频电磁场，使碳酸钙溶解度增加，降低碳酸钙微晶对管壁的附着力。该技术没有添加化学药剂，不会对环境造成污染，运行简单，无须专人管理，但实际上并没有改变灰水中成分，去除不彻底。阻垢剂法是向灰水中添加少量的专用阻垢剂（有机膦酸、聚羧酸类），阻垢率可达 95% 以上，且运行费用较低，是现阶段燃煤电厂运用最多的办法。对渣水的处理主要是分别利用滤渣器、热交换器降低其悬浮物含量和温度后实现回用。

（3）脱硫废水

脱硫废水主要来源于燃煤发电企业的烟气湿法脱硫过程，即烟气中的硫化物会与石灰石浆液或其他吸收剂发生反应。脱硫废水水质特点是悬浮物浓度高、COD 高、pH 呈酸性，一般含有大量的悬浮物、重金属、有机物和盐类，其中高浓度的硫酸盐和氯化物会对环境构成重大威胁。通常通过加石灰浆对脱硫废水进行中和、沉淀处理，然后经絮凝、澄清、浓缩等步骤处理后，清水回收利用，沉降物脱硫废水污泥经脱水后运出处置。考虑高浓度硫酸盐资源化利用的需求，现阶段脱硫废水污染控制技术发展方向为零排放技术，包括蒸发结晶、烟道雾化等。

蒸发结晶技术是通过蒸发废水中的水分来浓缩溶解固体。在该过程中，脱硫废水被加热至沸腾，水蒸气脱离液相，留下的是富含溶解固体的浓缩液，随着浓缩程度的增加，溶解固体达到饱和状态并开始结晶，这些结晶大多是硫酸钙，可作为副产品回收利用。蒸发结晶技术的关键在于能效和成本控制，传统的蒸发设备需要大量的能源来加热废水。

烟道零化技术是通过利用烟道气中的高温来蒸发废水，同时减少烟气中的污染物排放，水蒸气被排放到大气中，而溶解的固体和污染物则在烟道中被集中处理。烟道雾化技术会有效减少废水处理设施的占地面积和满足对外部水资源需求，但废水的预处理和雾化效率方面还有待研究，应确保废水中不含有其他有害物质，以及避免雾化温度过高产生额外的有毒气体。

（4）含油废水

含油废水主要是来自各类大型的机械设备运转产生，包括煤炭传送、装卸等运输过程。含油废水主要包括油罐脱水、冲洗含油废水、含油雨水等，油的类型可分为燃油、焦油、润滑油、脂肪油及清洗用化合物等。设计含油废水的处理流程时应充分考虑废水中燃油的种类，污水量、水质以及排放标准，其中的关键工艺主要有重力法、絮凝法、气浮法等；也可采用活性炭吸附法、电磁吸附法、膜过滤法、生物氧化法等除油方法。

重力法是利用油水密度比重差异使油上浮，进而达到油水分离的目的；絮凝法是投入合适的絮凝剂形成高分子絮状物，经吸附、架桥、中和及包埋等作用将油去除，常见的絮凝剂包括以铁、铝为主要成分的无机高分子絮凝剂和复合絮凝剂；气浮法是将空气注入含油废水中，以产生的微小气泡作为载体吸附水中污染物，但由于乳化油的稳定性，需要先投加混凝剂进行脱稳、破稳，因此气浮法的效果关键在于投药量及最佳投药时 pH 范围的控制。总体上，含油污水的处理需要采用多个工序搭配使用。目前也有研究利用燃煤电厂产生的粉煤灰对油分的吸附性能，实现对含油废水的处理，达到以废治废的目标，但在其理论研究方面还有待进一步深入研究。

4.3.3.2 脱硫废水近零排途径

燃煤电厂除脱硫废水外，各类废水经处理后基本能实现“一水多用，梯级利用”、废水不外排，因此，现阶段重点研究和应用脱硫废水近零排技术，实现水资源的循环利用。脱硫废水近零排放的技术路线主要包括预处理、浓缩减量、末端固化处理及资源化利用等步骤。

脱硫废水预处理包括化学沉淀、化学软化和过滤、吸附、微生物法等方式，主要去除脱硫废水中的固体悬浮物和重金属离子等。

针对规模较小的脱硫废水处理系统，经过初步处理的废水可直接进入最终的固化处理阶段。对于规模较大的系统，则需先行实施浓缩减量程序，以实现 70%～80% 的水回用率，有效减轻后续固化处理的负担，从而降低零排放系统的建设成本和运维费用。目前，脱硫废水浓缩减量技术主要包括膜法浓缩减量和热法浓缩减量两种。相较于热法浓缩减量，膜法浓缩在能耗方面更为经济，系统运行更为稳定且效率更高。

对经过脱硫废水浓缩减量处理后产生的高含盐浓水进行末端固化处理，目的是将其中的盐类和污染物转化为固体形态排出。末端固化处理技术中常见的方法包括蒸发结晶和烟气蒸发干燥等。蒸发结晶技术通过使用烟气或蒸汽等热源，将浓缩的脱硫废水中的污染物蒸发，从而促使盐类结晶析出，结晶后的盐经过干燥处理后可再利用或进行适当处置。目前，较为成熟并广泛应用于该领域的技术包括多效蒸发（MED）、机械蒸汽再压缩（MVR）以及热力蒸汽压缩（TVR）等，其中 MED 和 MVR 应用最为普遍。烟气蒸发干燥技术则是通过喷嘴将脱硫废水雾化后喷入锅炉尾部烟道，在烟气的余热作用下实现脱硫废水的蒸发结晶，产生的固体杂质随后被电除尘器捕获并移除。该工艺有效利用了锅炉烟气中的余热，从资源利用的角度来看，具有更高的经济性和可行性。

最后的资源化利用则是将处理过程中产生的淡水进行回用，用于燃煤电厂的生产或其他用途，固体盐类产物可根据其成分进行资源化利用，如作为化工原料等。

4.3.4 固体废物减排途径

燃煤电厂产生的固体废物有粉煤灰、脱硫副产物、污水处理污泥、废弃脱硝催化剂、废弃滤袋等，目前燃煤发电企业产生的固体废物一般分为两类，包括一般工业固体废物和危险废物。一般工业固体废物主要是粉煤灰、脱硫副产物、污水处理污泥、废弃滤袋等；危险废物主要是废润滑油（HW08）、废铅蓄电池（HW31）、废酸（HW34）、废油漆桶（HW49）和废催化剂（HW50）。通常优先采用有利于资源化利用的处理方法，或采用适当的处置方法，避免二次污染；应委托具有资质的第三方单位处置利用危险废物。

（1）粉煤灰综合利用

粉煤灰是煤炭经燃煤电厂锅炉燃烧后形成的一种人工火山灰质混合物，主要来自煤粉中的不燃物（主要为灰分），这些不燃物因受到高温作用而部分熔融，同时由于其表面张力的作用，形成大量细小的球形颗粒。粉煤灰是燃煤电厂排放的主要固体废物之一，其主要成分包括二氧化硅、三氧化二铝、氧化铁等。

为了减少环境污染和资源浪费，粉煤灰的综合利用显得尤为重要。2013 年，国家发展改革委等 10 部门联合发布了《粉煤灰综合利用管理办法》，旨在规范和促进粉煤灰的综合利用。

近年来，我国对粉煤灰的综合利用模式未发生明显变化，主流的应用领域依然是水泥、混凝土及各类建材的深度加工产品。应用最为广泛的是水泥领域，这是因为粉煤灰的主要成分是氧化硅与氧化铝，经过粉碎并且与水混合后，不会产生硬化反应，而与石灰石进行混合，掺入水以后，将成为胶状，能够有效提升水泥的性能，增加水泥的产量，同时降低粉煤灰对环境的污染，实现变废为宝。这些领域的应用，不仅充分利用粉煤灰的特性，而且在一定程度上缓解了环境压力。近年来，我国粉煤灰的综合利用率逐年提高，已经达到较高水平。粉煤灰还尝试在建筑材料、路基材料、农业等方面的应用，创新技术不断涌现，粉煤灰的具体应用减排途径包括：

①建筑材料：粉煤灰可以替代黏土生产粉煤灰烧结砖、粉煤灰蒸养砖等，还可以用于配制粉煤灰水泥和粉煤灰混凝土。此外，粉煤灰硅酸盐砌块是一种新型墙体材料，具有轻质、高强、空心和大块等特点。

②筑路和回填：粉煤灰的化学组成与天然土相似，遇水后具有一定的微胶凝特性，适宜做压实地基填方材料。我国公路、水利工程和隧道工程中大量掺用了粉煤灰。

③农业肥料和土壤改良：粉煤灰具有质轻、疏松多孔的物理特性，可用于改造重黏土、生土等，并含有植物所需的多种元素，可以制成各种复合肥。

④回收工业原料：从粉煤灰中可以回收煤炭、金属物质和空心微珠等工业原料，这些回收物可以作为建筑原料或其他工业用途。

（2）脱硫石膏资源化利用

脱硫石膏是电厂采用脱硫剂（石灰石浆液）吸收烟气中的二氧化硫，并经氧化、洗涤、脱水后形成的化工副产品，主要源自燃煤电厂的脱硫设施。其化学组成与天然石膏相仿，并在氧化钙及三氧化硫等关键成分的含量上展现出一定的优越性。因此，拓展脱硫石膏的应用领域不仅有助于减少固体废物的排放量，也能减轻对天然矿产石膏资源的开采压力。脱硫石膏作为一种工业副产品，在多个领域实现了资源化利用和减排效益。

在建筑材料领域，脱硫石膏可替代天然石膏，用于生产石膏板、砌块和空心条板等。这些产品以轻质、施工便捷、防火性能优良和成本低廉等特性，在建筑行业中得到广泛应用。此外，脱硫石膏作为主要成分，用于制造石膏基干混砂浆，这种新型材料中脱硫石膏作为水化调节剂，有助于提升砂浆的强度、稳定性和耐久性。同时，脱硫石膏也可以生产高性能石膏制品，例如 α 型半水石膏，进而配制自流平石膏和陶瓷模具石膏等高性能材料。

在水泥工业中，脱硫石膏可以替代天然石膏作为水泥中的缓凝剂原料，能够延长水泥的凝结时间，增强水泥的强度和耐久性。脱硫石膏成本远低于天然石膏，国内外众多水泥生产企业普遍采用脱硫石膏作为缓凝剂。

在土壤改良方面，脱硫石膏富含钙、硫等元素，能够有效调节土壤的酸碱度，改善土壤结构，增加土壤肥力，从而促进农作物的生长。尤其在盐碱土改良方面，脱硫石膏能够降低土壤的盐碱度，进而提高作物产量。

在环保材料领域，脱硫石膏可作为吸附剂，用于吸附烟气中的有害物质，以及降低废水中污染物的含量，从而达到净化空气和水质的目的。此外，脱硫石膏亦可用于处理工业废水中的重金属离子，体现“以废治废”的环保理念。

在其他应用方面，脱硫石膏可用于生产石膏晶须，这是一种高性能的无机纤维材料，具备高强度、高模量、耐高温、耐腐蚀等特性，广泛应用于航空航天、汽车、电子等领域。在医药和食品工业中，脱硫石膏亦有其应用，如用于生产药物载体、食品添加剂等。

（3）废水处理污泥综合利用

在燃煤电厂的工业废水处理过程中，会产生一定量的废水处理污泥。通过实施污泥干化和协同焚烧技术，可以有效利用污泥的原始热能。焚烧产生的灰渣，可作为建筑材料或路基材料等进行再利用，从而实现了污泥处理与资源化利用的双重价值。

此外，燃煤电厂排放的烟气余热是污泥干化的优质热源。经过干化处理的污泥，其热值降低，适合与原煤混合后用于发电。焚烧后的灰渣则通过电厂现有的灰渣处理系统进行排放。这一过程不仅提高了燃料的热值，还解决了辅助燃料的需求问题。

（4）危险废物合规管理

燃煤电厂在运营过程中会产生多种危险废物，包括废润滑油、废铅蓄电池、废酸、废油漆桶和废催化剂等。这些危险废物若处理不当，将对环境和人体健康构成严重威胁。因此，必须委托具有危废处理资质的第三方进行处置，并在转移处置过程中严格执行联单制度。科学合理地综合利用或处置这些危险废物，不仅是各燃煤电厂环保责任的重要体现，也是煤电行业实现可持续发展目标的必然要求。

废润滑油（HW08）作为燃煤电厂常见的危险废物之一，是通过先进的再生技术，如萃取絮凝法、减压蒸馏加氢工艺等高效去除废油中的不良组分，恢复其使用性能，实现循环利用；对于无法再生的废油，应严格控制其焚烧条件，确保燃烧过程的安全与环保。废铅蓄电池（HW31）的处理则侧重于铅等金属资源的回收。通过专业的拆解与提炼技术，可以将废电池中的铅板、铅膏等材料进行有效分离与回收，实现资源最大化利用。这一过程中需确保拆解与提炼过程不对环境造成二次污染；而对于无法直接回收的部分，应采取无害化处理措施，保障环境安全。废酸（HW34）是燃煤电厂化学处理过程中产生的危险废物，处理的关键在于酸碱中和与资源回收。通过加入适量的碱性物质，可以将废酸的 pH 调整至安全范围，降低其腐蚀性和毒性。同时，利用先进的分离与提取技术，可以从废酸中回收有价值的金属离子或化合物。废油漆桶（HW49）是燃煤电厂维修与保养过程中产生的危险废物。对于成色较好的油漆桶，可以通过清洗与整形等工艺进行再利用，减少新桶的生产需求。而对于无法再利用的废桶，则应进行破碎与无害化处理，废油漆碎片可作为水泥生产的原料之一，或通过水泥窑的高温焚烧作用实现无害化处置与减量。废催化剂（HW50）是燃煤电厂脱硝催化反应过程中产生的危险废物，其处理应兼顾资源回收与无害化处置。通过先进的提取技术，可以从废催化剂中回收有价值的金属元素（如铂等）；对于无法直接回收的部分，可采用水泥窑协同处置等方法实现无害化处理，不仅能够减少废催化剂对环境的污染风险，还可促进危险废物与建材行业的协同发展。

（5）强化固体废物管理

强化脱硫剂管理，可最大限度地降低脱硫副产品的生成。依据《火电厂石灰石 / 石灰 - 石膏湿法烟气脱硫系统运行导则》（DL/T 1149—2010）等相关规定，加强石灰石（粉）、电石渣等脱硫剂的品质管理，确保其品质指标满足设计要求。同时，通过精确控制加料等方法，减少脱硫剂的消耗。

对于催化剂的全生命周期管理，也应予以重视加强。在催化剂采购前，应进行专业技术审核，对催化剂的类型、用量等关键指标进行评估，以确保选择的合理性。催化剂投入运行后，应结合机组的检修计划，进行性能检测和评估，以此作为催化剂更换、再生或报废处理的依据。在脱硝系统运行过程中，应特别关注烟气流场、烟气温度、吹灰效果、精准喷氨以及中毒等因素对脱硝催化剂的影响，并制定有效措施以延长其使用寿命。

水处理离子交换树脂的管理应在水处理系统运行期间，通过优化水处理工艺、提升树脂再生效率、合理控制运行条件等方法，以延长离子交换树脂的使用寿命。

CHAPTER

5

第 5 章

煤电行业协同增效机制与模式创新

5.1　减污与降碳的协同效应分析

大多数空气污染物和温室气体排放源自化石燃料的燃烧和利用，它们具有同根同源的特点（IPCC，1995）。中国环境与经济政策研究中心将减污降碳协同（同时减少污染和碳排放）定义为包含两种现象：首先，在控制温室气体排放的同时减少非温室气体污染物的排放（碳政策的减排效应）；其次，在污染控制和生态行动中减少二氧化碳和其他温室气体的排放（污染政策的减碳效应）。2021 年 4 月 30 日，习近平总书记在主持中共中央政治局第二十九次集体学习时提出减污降碳协同增效的概念。这一概念的提出，标志着我国在生态环境保护和气候变化应对方面采取了更加综合和系统的方法。

从国际角度来看，减污降碳协同增效是人类命运共同体的重要内容，我国也在推进减污降碳协同增效方面作出自身贡献，2022 年 6 月 10 日，由生态环境部、国家发展和改革委员会、工业和信息化部、住房和城乡建设部、交通运输部、农业农村部、国家能源局印发实施《减污降碳协同增效实施方案》，作为碳达峰碳中和“1+N”政策体系的重要文件，该实施方案有力推动了减污降碳协同增效系统谋划，开启了减污降碳协同治理新阶段。

值得关注的是，减污降碳协同效应在煤电行业的引入与实施显得尤为迫切且重要。这一协同效应的根源在于煤炭燃烧过程中污染物与温室气体排放的同根同源特性，使减少污染与降低碳排放成为煤电行业转型升级的必然路径。尤为重要的是，煤电作为我国能源电力供应系统的主体支撑，以不足 40% 的装机占比，承担了全国 70% 的顶峰保供任务，在保障电力安全稳定供应中扮演着“压舱石”的角色，有力保障了我国民生用电和经济社会发展需求。但也要认识到，我国电力行业二氧化碳排放占全国排放总量的 40%，并且会维持此格局一段时间，因此，实施煤电低碳化改造建设，推动降低煤电行业碳排放水平，是推动能源低碳转型的重要途径，对实现碳达峰碳中和目标具有重要意义。

2024 年 6 月，国家发展改革委与国家能源局联合印发的《煤电低碳化改造建设行动方案（2024—2027 年）》，正是基于这一背景，旨在通过统筹推进存量煤电机组的低碳化改造与新上煤电机组的低碳化建设，为煤电行业的绿色转型绘制清晰的“路线图”。该行动方案的出台，不仅彰显了我国坚定推动能源结构由高碳向低碳转型的决心，更是对近年来我国在煤炭清洁高效利用、可再生能源发展以及能源绿色低碳转型方面所取得的积极成效的进一步巩固与深化。该行动方案的实施，将有效促进煤电行业碳排放的逐步减少，引领能源生产和消费方式的深刻变革，同时在技术创新、应对气候变化挑战以及为全球能源转型提供宝贵经验等方面发挥积极作用。因此，锚定“双碳”目标，推动煤电减污降碳协同、低碳化改造刻不容缓。

5.1.1 技术创新的双重效益

（1）生物质掺烧

生物质掺烧技术是一种创新的能源利用方式，它通过在传统的燃煤发电过程中掺入生物质材料，如农林废弃物、沙生植物和能源植物等，实现减污降碳协同增效。该技术不仅能够提高可再生能源在能源结构中的比重，而且还能减少对化石燃料的依赖，从而降低温室气体排放。在减污方面，生物质掺烧可以减少农林废弃物的焚烧或腐烂过程中产生的污染物排放，如甲烷和氮氧化物，这些污染物对环境和人类健康都有潜在的危害。同时，生物质燃烧产生的灰烬可以作为肥料回收利用，进一步减少废弃物对环境的影响。在降碳方面，生物质是一种低碳能源，因为它在生长过程中通过光合作用吸收了大气中的二氧化碳，而在燃烧过程中释放的二氧化碳量与其生长过程中吸收的二氧化碳相当，因此可以视为碳中性。此外，生物质掺烧还能提高燃煤电厂的能效，减少单位电力产出的碳排放。

我国的生物质资源丰富，但目前的开发利用程度不高。通过在大型燃煤机组中实施生物质掺烧，可以有效利用这些资源，优化能源结构，推动能源的绿色转型。“十三五”期间，燃煤电厂已经开始实施生物质直燃掺烧项目，并取得了一定的进展。例如，华能日照电厂的 680 MW 机组耦合生物质发电示范项目顺利完成试运行，这是国内首台大型燃煤机组耦合生物质发电示范项目，设计生物质发电容量 34 MW。此外，山东寿光公司研发的“国内首个 1 000 MW 超超临界锅炉大比例掺烧生物质粉体燃料的科技创新项目”被评定为达到国际领先水平，设计生物质掺烧量高达 25.36 t/h，每年可相应减少煤炭资源消耗 12.5 万 t，且锅炉燃烧稳定性、受热面沾污情况和污染排放情况无明显消极影响。这些项目的成功实施为生物质掺烧技术的规模化应用提供了示范。

（2）绿氨掺烧

绿氨掺烧技术是一种前沿的能源创新，它通过将绿色氨（绿氨）作为燃料掺入燃煤机组中，以实现减污降碳协同增效。绿氨是通过使用风能、太阳能等可再生能源通过电解水产生的绿色氢气合成的，这一过程无温室气体排放，因此绿氨具有零碳属性。在减污方面，绿氨掺烧技术可以减少燃煤电厂的污染物排放。由于绿氨燃烧产生的主要副产品是氮气和水，大幅减少了二氧化硫、氮氧化物和颗粒物等传统燃煤过程中常见的污染物排放。此外，绿氨掺烧还可以减少煤燃烧过程中产生的灰渣和废水，进一步减轻对环境的影响。在降碳方面，绿氨作为一种清洁能源，其在燃烧过程中不增加大气中的二氧化碳浓度。当绿氨替代部分燃煤时，可以显著降低煤电机组的整体碳排放水平。这种替代不仅有助于煤电行业的低碳转型，也是实现国家碳减排目标的有效途径（图 5.1）。

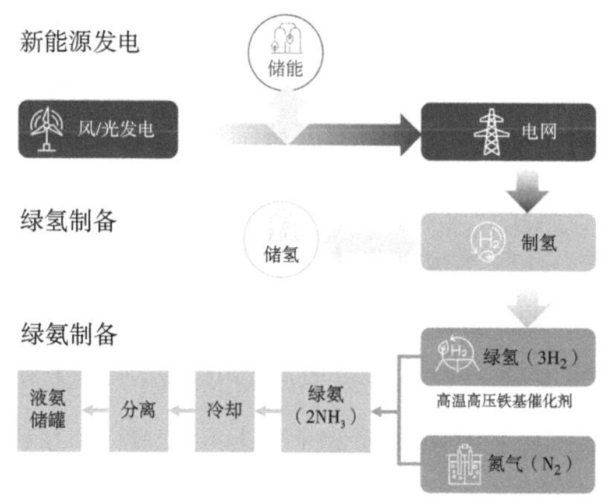

图 5.1　绿氨技术

从实践来看，我国的绿氨掺烧技术已经取得了显著进展。在广东台山等地的燃煤电厂进行的工业级试验表明，该技术不仅可行，而且已经具备了规模化示范的基础。合肥综合性国家科学中心能源研究院联合安徽能源集团，在皖能铜陵发电公司现役 30 万 kW 煤电锅炉上开展了深入的实验研究，实现了 10 万～30 万 kW 并网功率下燃煤掺氨比例 10%～35% 多种工况的锅炉安全平稳运行，最大掺氨量＞21 t/h，氨燃尽率达到 99.99%，锅炉效率与燃煤工况相当，试验在燃烧技术、掺氨规模、稳定运行时间上均远超国内同行最高水平。这些试验的成功为绿氨掺烧技术的商业化和推广应用铺平了道路。

（3）CCUS

CCUS 技术是应对全球气候变化、实现低碳发展的关键技术之一。通过技术创新，CCUS 能够在减少温室气体排放的同时，促进工业过程和能源利用的清洁化，实现减污降碳协同增效。在减污方面，CCUS 技术通过从燃煤电厂的烟气中捕集二氧化碳，减少了大气中的二氧化碳排放，从而降低了温室气体对环境的影响。此外，CCUS 技术的应用还有助于减少其他与化石燃料燃烧相关的污染物排放，如二氧化硫和氮氧化物，因为这些污染物通常与二氧化碳一同被捕集。在降碳方面，CCUS 技术通过化学法、吸附法、膜法等先进技术，高效分离并捕集燃煤锅炉烟气中的二氧化碳。捕集的二氧化碳可以用于多种用途，如驱油或地质封存，这不仅减少了温室气体的排放，还提高了石油开采的效率。此外，二氧化碳还可以转化为有价值的化工产品，如甲醇，这为二氧化碳的资源化利用开辟了新的途径（图 5.2）。

我国作为世界上最大的二氧化碳排放国，对 CCUS 技术的快速突破有着迫切需求，《科技支撑碳达峰碳中和实施方案》强调了 CCUS 技术在实现碳中和目标中的重要性。在技术成熟度方面，CCUS 技术整体处于示范阶段。例如，钢铁工业加装 CCUS 的整体成熟度跨度较大，为 TRL 6～9 级，其中合成气、直接还原铁、电炉耦合 CCUS 技术成熟度最高（TRL 9 级），而高炉－转炉法耦合 CCUS 生产工艺成熟度较低（TRL 6～7 级）。水泥行业的 CCUS 技术成熟度整体不高（TRL 6～8 级），不同的捕集技术类型包括胺洗涤和膜辅助二氧化碳液化等燃烧后技术、低氮 / 零氮环境氧燃烧技术以及钙循环技术。跨行业部门耦合 CCUS 的成熟度相对较高，平均水平处于 TRL 7 级以上。在成本效益分析方面，CCUS 技术的成本主要集中在捕集环节，且随着需求量的扩大，2030 年后成本将会大幅上升。目前，全球主要能源基础设施碳排放

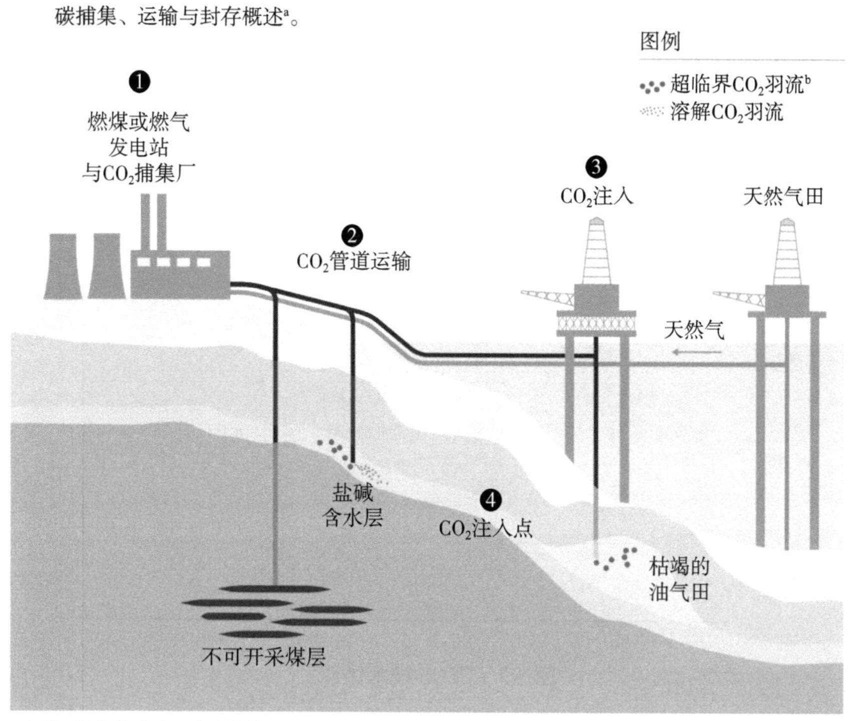

a. 图标并非按真实比例绘制。CO_2埋藏在距离海岸线50～300 km处，深度为1～5 km的地下。
b. 超临界CO_2是CO_2在地下深处压力下的自然流体状态。

图 5.2　碳捕集、运输与封存概述

源加装 CCUS 的二氧化碳减排成本为 20～288 美元 /t。未来随着技术成熟度的提升和规模化效益的显现，CCUS 低成本或可投资机会将逐渐增多。在环境影响评估方面，CCUS 技术在避免资产搁浅风险、实现碳污同治和降低资源依赖、促进公平转型等方面具有积极作用。然而，过度依赖 CCUS 技术可能会增加社会发展对化石能源的依赖，不利于全球低碳转型。此外，大规模部署 BECCS 会大幅增加对土地资源和水资源的需求，存在影响粮食生产的潜在风险（图 5.3）。

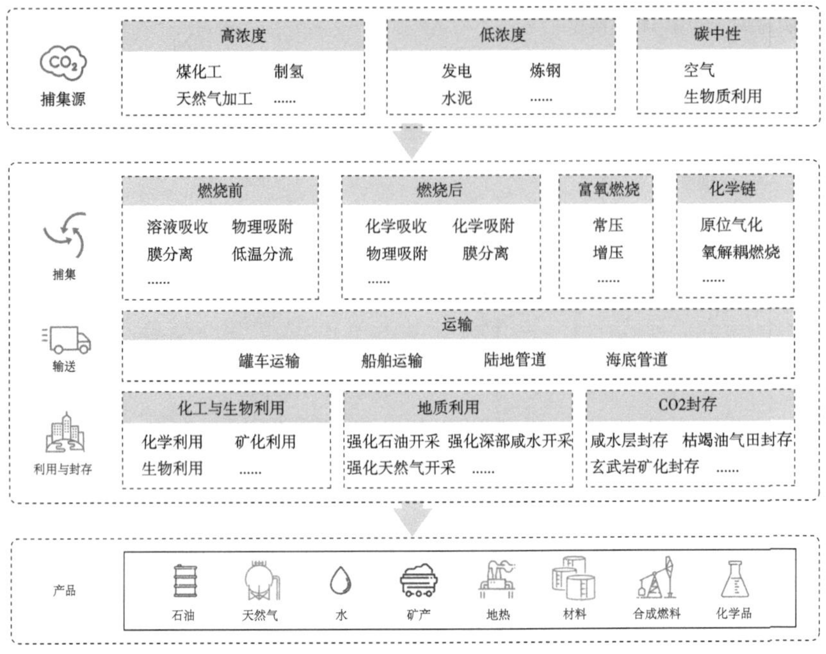

图 5.3　CCUS 技术体系

5.1.2　结构优化的双重效果

（1）优化煤电结构

我国在优化煤电结构方面采取了多项措施，旨在提高能源效率并减少环境污染。首先，通过淘汰低效高排放的小机组并推广采用超临界和超超临界技术的高效低排放大机组，提升了能源转换效率。同时，引入高效的脱硫脱硝系统和优化的燃烧控制技术，以减少煤炭使用量和污染物排放。此外，我国还注重提高煤炭的洗选和加工水平，减少杂质和水分，进一步提升燃烧效率。煤电结构优化还与清洁能源的融合发展相结合，如在煤电基地周边建设风电和太阳能发电项目，推动能源多元化，降低对化石能源的依赖。为了适应新能源的并网需求，我国对煤电机组进行了灵活性改造，以提高电煤利用效率和减少消耗。2021 年的改造升级特别重要，因为它不仅促进了清洁能源的消纳，还对实现碳达峰、碳中和目标起到了推动作用。

在国际上，不同国家在煤电结构优化方面采取了不同的策略和措施。欧盟国家在煤电结构优化方面采取了较为激进的措施，包括逐步淘汰煤电和推动能源转型。欧盟碳排放交易体系（EU ETS）通过实施总量控制和逐年减少配额供应量，推动了电力行业的低碳转型。欧盟的电力行业碳排放量已经显著下降，电力部门的温室气体排放减少了约 35%。美国在煤电结构优化方面采取了市场驱动的策略，通过环保法规和市场机制来促进煤电的退役和清洁能源的发展。美国国家环境保护局（EPA）实施了清洁电力计划，要求各州制定减排目标，并通过提高能效和使用清洁能源来实现这些目标。日本在煤电结构优化方面采取了技术创新和政策支持相结合的方式。日本政府推动了高效率燃煤电厂的建设，并在 CCUS 技术方面进行了投资和研发。德国在煤电结构优化方面采取了逐步淘汰煤电的策略，并计划在 2038 年前逐步淘汰所有燃煤电厂。德国政府还通过提供资金支持和政策激励，鼓励煤电企业转型和清洁能源的发展。

这些国家的实践表明，煤电结构优化是一个复杂的过程，需要政府、企业和市场机制的协同作用。通过技术创新、政策支持和市场激励，可以有效地推动煤电行业的清洁、高效和低碳转型。

（2）燃料结构改善

燃料结构的改善对煤电行业的低碳转型至关重要，通过提高低碳或零碳燃料在火电行业中的使用比例，可以有效减少对化石燃料的依赖，然而在面临机遇的同时也存在挑战。第一，通过增加生物质燃料的使用，可以利用农林废弃物和能源作物等碳中性燃料，这些燃料在生长周期内吸收的二氧化碳与燃烧时释放的二氧化碳相抵消，实现了碳的闭环管理，有助于减少对化石燃料的依赖并降低碳排放。然而，生物质能源的大规模应用面临着原料收集、运输和储存的挑战，以及可能对食物安全和生物多样性造成的影响。第二，天然气作为煤炭的清洁替代品，其燃烧效率高，产生的二氧化碳排放量较煤炭低，因此在煤电行业使用天然气可以降低碳排放强度。但是，天然气的开采和运输过程中可能会泄漏甲烷，这是一种比二氧化碳更强的温室气体，因此需要确保天然气供应链的完整性和密封性。第三，氢能的开发为煤电行业提供了新的机遇。氢气可以通过电解水的方式使用可再生能源生产，实现零碳排放。在煤电行业中，氢气不仅可以用于燃料电池发电，还可以与天然气混烧，进一步降低碳排放。然而，氢能的商业化应用仍面临技术成熟度、成本效益和基础设施建设的挑战。电解水制氢的效率和成本、氢气的储存和运输安全性，以及氢能基础设施的建设都是需要解决的关键问题。

5.1.3 政策驱动的双重作用

环保电价政策和碳交易市场都是推动煤电行业实现减污降碳目标的重要经济手段。在我国，环保电价政策通过为采用超低排放技术的煤电企业设定优惠电价，激励企业进行技术升级和改造，有效减少了二氧化硫、氮氧化物和颗粒物等污染物的排放，同时降低了二氧化碳的排放水平。这种市场化的激励机制不仅促进了环境质量的改善，还助力了煤电行业的绿色转型，使煤电企业在追求经济效益的同时，也承担起环境保护的社会责任，实现了经济效益与环境效益的双赢。例如，我国的环保电价政策已经促使超过 70% 的燃煤机组实现了超低排放，在很大程度上改善了空气质量，并推动了清洁能源技术的发展。

与此同时，碳交易市场作为一种创新的环境经济政策工具，通过为碳排放定价，为煤电企业提供了降低碳排放的激励机制。在这种市场机制下，企业可以通过减少自身的碳排放量或购买其他企业的碳排放配额来满足碳排放标准，从而实现成本效益最大化。这种交易不仅鼓励煤电企业投资于清洁能源技术和能效提升，还促进了污染物的资源化利用，如通过 CCS 技术将二氧化碳转化为有用的产品或安全封存，进一步降低对环境的影响。我国的碳交易市场正在逐步扩大，已经在深圳、北京等地开展了试点，并计划在全国范围内推广，这将为煤电行业提供更为广泛的减排激励。

国际上，EU ETS 是全球最大的碳交易市场，它通过设定碳排放上限和允许企业之间交易排放配额，有效地促进了整个欧盟地区的减排。美国一些州实施的区域温室气体倡议（RGGI）也是一个成功的案例，它通过拍卖碳排放配额为清洁能源项目筹集资金，同时控制了碳排放总量。

环保电价政策和碳交易市场需要相互补充，共同构建一个全面的激励体系，以促进煤电行业的减污降碳。政策的设计应考虑到不同地区的实际情况和行业特点，确保政策的公平性和有效性。同时，政策的实施需要配套的监管机制和市场环境，以确保政策目标的实现。此外，政策还应具有灵活性，能够根据技术进步和市场变化进行调整，以适应不断变化的环境和发展需求。通过这些政策的实施，可以推动煤电行业向更加绿色、低碳的方向发展，为实现可持续目标作出贡献。

5.2　煤电行业协同增效的机制设计

煤电行业协同增效的机制设计应遵循以下原则：第一，系统协同。全面考虑煤电生产、运输、消费的全生命周期，实施全过程控制和系统化治理，确保各环节的协同和整体效益最大化。第二，分类施策。根据不同企业的具体情况，制定差异化的减排和降碳措施，避免“一刀切”的做法，以适应不同企业的实际情况和需求。第三，激励与约束并重。通过政策激励如碳交易和绿色电力证书等手段，结合必要的约束措施，推动煤电企业主动进行减污降碳改造，提高其参与环境治理的积极性。第四，多方参与和合作。鼓励政府、企业、科研机构和金融机构等多方参与，形成合力，共同推动煤电行业的绿色转型，实现资源共享和优势互补。第五，风险管理与应对。识别煤电行业在减污降碳过程中可能面临的风险，如资产搁浅、信贷违约等，并提出相应的风险管理措施，确保行业的稳定和可持续发展。煤电行业协同增效机制可以从以下几方面来设计。

5.2.1　优化煤电行业布局和结构

打破传统的就地平衡模式，加速淘汰落后产能，并引导煤电行业向基础保障性和系统调节性电源的双重角色转型。在此过程中，严格控制新增煤电项目的数量，同时强化能效准入标准，确保新上的煤电机组能够达到更高的能效水平，从而提升煤电行业的整体效率。例如，“十三五”规划期间，我国已经实施了一系列煤电去产能措施，包括淘汰小机组、提高能效标准等。德国的“能源转型”（Energiewende）计划，旨在逐步淘汰核能和化石燃料，转向可再生能源，德国通过立法确定了煤电淘汰的时间表，并为煤电行业的转型提供了财政激励和技术支持。这种机制设计旨在通过结构调整和技术升级，实现煤电行业的绿色发展和高效运行，为能源系统的低碳转型提供坚实基础。

5.2.2 推进煤电行业“三改联动”

煤电行业的机制设计旨在通过“三改联动”策略，推动行业的现代化和绿色转型。首先，节能改造通过实施综合节能降碳技术方案，提升煤电机组的能效，减少能源消耗和碳排放，例如我国的“上大压小”政策，通过建设大型高效清洁燃煤电厂，逐步淘汰小型低效燃煤机组，显著提高了煤电机组的能效。其次，灵活性改造旨在提高机组的运行灵活性，使其能够更有效地响应电网需求变化，增强对新能源的消纳能力，确保能源供应的稳定性和可靠性，例如德国的“电力市场 2.0”计划，通过提供经济激励，鼓励煤电机组进行灵活性改造，使其能够快速响应电网需求变化。最后，供热改造通过发展热电联产和长距离供热技术，替代现有的散煤燃烧和小型燃煤锅炉，减少污染物排放，提高能源利用效率，如丹麦的热电联产（CHP）项目，通过整合热能和电能的生产，提高了能源利用效率，减少了散煤燃烧和小型燃煤锅炉的使用。而美国则倾向于综合性改造，通过集成多种清洁煤技术，如 CCS、高效发电技术等，实现了煤电的现代化和绿色转型。这一系列改造措施共同构成了煤电行业转型升级的框架，不仅提升了煤电行业的环境绩效，也为实现能源结构优化和可持续发展目标奠定了基础。

5.2.3 强化源头管控和末端治理

着重于强化源头管控与末端治理的双重策略，其中包括积极推广低碳或零碳燃料，如生物质能、氢能和天然气，以减少对高碳排放的化石燃料的依赖，从而在源头上降低温室气体排放。同时，加强治污设施的建设和监管，确保煤电机组在进行超低排放改造后能够稳定运行，并持续满足严格的排放标准。位于海南的乐东电厂是全省首家达到超低排放标准的电厂。该电厂通过先进的脱硫、脱硝、除尘技术，实现了燃煤燃烧后烟气中的氮氧化物、二氧化硫排放量控制在 10 mg/m^3 以内，粉尘排放量控制在 1 mg/m^3 以内，同时固体废物实现了 100% 利用。通过这种综合性的管控措施，煤电行业能够在保障能源供应安全的同时，有效提升环境绩效，推动行业的绿色低碳发展。

5.2.4　清洁运输和耦合共治

通过倡导清洁运输和实施耦合共治策略，致力于减少环境污染并提升资源利用效率。具体而言，这一策略着重于提高大宗物料如煤炭的清洁运输比例，通过采用铁路、水路或管道运输等低碳方式，减少对公路运输的依赖，从而降低运输过程中的污染排放。此外，煤电机组与生物质能的耦合发电模式，不仅提高了能源的利用效率，还促进了农业和工业废弃物的资源化利用，将这些废弃物转化为有价值的能源，减少了废弃物的处理成本和环境影响。这种综合机制的实施，使煤电行业在确保能源供应的同时，实现环境效益和经济效益的双重提升。

5.2.5　资金支持和资金使用管理

在资金支持方面，《煤电低碳化改造建设行动方案（2024—2027 年）》提出了利用政府投资的放大带动效应，通过超长期特别国债等多元化资金渠道，对符合条件的煤电低碳化改造建设项目提供支持。此外，择优将相关项目纳入绿色低碳先进技术示范工程，以示范引领行业发展。同时，鼓励地方政府根据实际情况制定相应的支持政策，增加对煤电低碳化改造建设项目的投资补助，以确保项目顺利实施。在资金使用管理方面，政府可以建立一套专门的资金管理机制，对资金的分配、使用和效果进行严格的监督和评估。这不仅涉及资金的透明化管理，还包括对项目进展和成效的定期审计，确保资金能够被高效地用于煤电低碳化改造的关键环节和重点项目。为了进一步拓宽资金来源，政府还可以探索引入社会资本的参与机制，如通过公私合作伙伴关系（PPP）模式，吸引私营部门的资金和专业技术，形成多元化的投资格局。这样的合作不仅能够减轻政府的财政压力，还能够借助社会资本的创新能力和经验，共同推动煤电行业的低碳化发展，实现环境效益和经济效益的双赢。

5.3 减污降碳协同增效路径研究

5.3.1 煤电行业减污降碳协同增效内涵

煤电行业减污降碳协同增效是指在确保能源供应安全的前提下，通过实施一系列技术革新与管理优化措施，在煤炭燃烧过程中有效减少污染物排放，并降低二氧化碳排放量，进而显著提升煤电行业的环境绩效与能源利用效率。该理念着重于煤电生产全生命周期的环境保护与气候变化应对，通过综合施策，实现环境保护与应对气候变化的双重目标，推动煤电行业向绿色、低碳转型的宏伟目标迈进。

煤电行业在减少污染和降低碳排放方面，其目标与方法展现出显著的协同效应。主要的污染物与碳排放源均源自煤炭的燃烧过程，故而诸多减排策略能够同时对污染物与碳排放产生削减作用。协同增效不仅凸显了环境效益，还兼顾了煤炭电力产业在减污降碳过程中的经济效益与社会效益。煤电厂通过低碳绿色发展，能够有效促进经济增长与社会进步，实现环境保护与经济发展的双赢局面。

煤电行业减污降碳协同增效的核心要素涉及技术创新、结构优化、清洁运输、政策引导、社会共治以及综合施策等多个方面。这些要素相互关联、相互促进，共同推动煤电行业向更加清洁、低碳、高效的方向发展。

5.3.2 制定积极稳妥转型目标与路线

煤电转型需要处理好短期和中长期之间的关系，明确不同时期煤电的功能定位与价值，并据此制定转型时间表和路线图。

从当前的实际情况来看，我国的煤电装机总量相当庞大，并且发电量相对稳定。在可再生能源尚未完全替代煤电之前，煤电将继续发挥其不可或缺的作用，确保电力供应的安全性和电网运行的稳定性。因此，煤电的转型过程不可能一蹴而就，而应该是一个循序渐进的过程。在这个过程中，我们需要逐步优化现有的煤电存量，并严格控制新增煤电的规模。

在短期内，煤电的定位为主导电源及调节性电源，在保供的同时平抑可再生能源发电的间歇性和波动性，从而确保电网的灵活性和可靠性。具体来说，煤电可以在可再生能源发电量不足时，提供必要的电力支持，以保持电网的稳定运行。同时，煤电还可以在电力需求高峰时段，提供额外的电力供应，以满足社会经济发展的需求。

然而，随着可再生能源技术的持续进步和成本的进一步降低，从中长期来看，煤电的角色将逐渐发生变化。在此过程中，煤电将逐步从目前的主导电源转变为辅助性电源。这意味着煤电的主要职能将转向系统调节和应急备用等。具体而言，煤电可以在可再生能源发电不稳定或不可预测的情况下，迅速调整发电量，以确保电网的稳定运行。此外，在电力系统出现故障或紧急情况下，煤电亦可迅速启动，提供必要的电力支持，保障电力供应的安全性。

总之，煤电在我国电力系统中仍将扮演重要角色，但其定位和任务将随着可再生能源的发展而逐步调整。通过循序渐进的转型过程，可以确保电力系统的稳定性和可靠性，同时逐步实现能源结构的优化和绿色低碳发展。

根据时间表的详细规划，全国的煤电装机容量有望在“十四五”期间实现达峰目标。在这一关键时期，将逐步淘汰那些老旧落后以及效率低下的燃煤电厂，同时推动对现有燃煤电厂进行节煤降耗的改造工作。这一系列措施旨在提升整个煤电行业对煤炭资源的清洁高效利用水平。进入“十五五”期间，煤电行业预计将进入一个相对稳定的增长平台期。在这个阶段，煤电的发电量和耗煤量将保持稳中有降的趋势，同时煤电将承担更多的系统调节和高峰电力平衡的重要功能。

展望 2035 年及以后，随着风能和太阳能发电技术的不断创新和成本的持续下降，以及煤电设备达到甚至超过 30 年的使用寿命而进入自然淘汰阶段，电力系统将具备加速转型的基础和条件。届时，煤电机组将逐步转变为调节备用和兜底保供的基础性电源。在这一时期，煤电的利用小时数将继续下降，通过实施灵活性改造措施，提升煤电机组的调节能力。此外，我们将通过多种途径深度拓展煤电的调节能力，例如结合煤电与储能、煤电与储热、电锅炉以及煤电与富氧燃烧等技术，进一步提升煤电的灵活性和调节能力。同时，通过部署 CCUS 技术、生物质混燃技术以及煤氨混燃技术等，将助力煤电行业实现脱碳运行，从而在保障能源供应的同时，有效减少碳排放，推动能源结构的绿色低碳转型。

5.3.3 因地制宜、分类施策，优化能源布局

全面统筹考虑煤炭和电力行业在不同区域和技术方面的差异，考虑区域电力需求、资源禀赋、碳排放约束等因素，科学合理地规划煤电转型行动，制定符合区域实际的煤电转型路径。通过采取多种转型措施的组合，灵活施策，多管齐下，确保转型行动的有效性和可行性。

广东省煤电机组的规模较大，技术水平也更为先进。这使得它们能够充分利用自身的优势，例如运行年限较短、技术先进，以及地理位置更靠近负载中心等。基于这些优势，可以开展灵活性改造，以确保煤电与核电、海上风电、分布式光伏等多种电源技术的有效耦合。此外，还应做好长期改造的准备工作，以便将煤电机组升级为配备 CCUS 装置的近零碳机组。

为了实现煤电减污降碳的目标，可以采取多种技术路径，包括提前退役、灵活性调整和 CCS 技术改造等。考虑不同类型煤电机组在技术性和经济性方面存在显著差异，可以按照以下 3 个标准进行分类施策：

①在确保供热和供电安全的前提下，优先考虑将那些能耗效率较低的机组提前退役。特别是对于那些装机容量在 200 MW 以下的循环流化床（CFB）机组和亚临界机组，可以优先采取这一策略。

②对于装机容量在 600 MW 以下的煤电机组，可以推动实施“三改联动”措施，即灵活性改造、供热改造和调峰电源转变。通过这些措施，可以将这些机组转变为调峰电源，从而更好地满足电网的调峰需求。对于改造后的机组，可以适当延长其运行寿命。

③ 2035 年之后，逐步在 IGCC、超临界和超超临界等高技术参数的煤电机组上应用 CCS 技术。优先选择那些装机容量在 600 MW 以上且剩余运行年限在 10 年以上的机组进行 CCS 技术改造。预计在 2045 年前后，将在 600 MW 以下的机组中应用 CCS 技术。通过部署 CCS 技术，改造后的机组可以适当延长其技术寿命，从而实现更高效的碳减排目标。

同时，优化煤电布局是煤电行业减污降碳协同增效的关键举措之一。通过科学合理地规划煤电项目的建设地点和规模，可以有效避免在环境敏感区域或生态保护红线内新建煤电机组。这样不仅能够显著减少对生态环境的破坏，还能大幅降低污染物的排放量。此外，淘汰落后产能、提升煤电行业的整体技术水平等措施，也是降低碳排放强度的有效手段。

为了实现煤电布局的优化目标，政府应当加大对煤电项目的审批和监管力度，确保每一个项目都符合环保要求和能源政策导向。政府可以通过制定严格的环保标准和审批程序，对新建煤电项目进行严格把关，防止不符合要求的项目上马。同时，政府还应加强对现有煤电项目的监管，确保其运行过程中符合环保标准，减少污染物排放。

煤电企业应积极响应政府的号召，主动淘汰落后产能，提升技术水平和管理水平。企业可以通过引进先进的煤电技术，提高煤电设备的效率，降低单位发电量的碳排放。同时，企业还应加强内部管理，优化生产流程，减少能源消耗和污染物排放。通过这些措施，煤电企业不仅能够降低碳排放强度，还能提高经济效益，实现可持续发展。

5.4　煤电行业协同增效评价体系

5.4.1　评价体系构建准则

为确保煤炭电力行业在协同增效方面取得显著成效，构建一个科学合理的评价体系显得尤为关键。以下为该评价体系构建原则的详细阐释：第一，评价体系应以煤炭电力行业协同增效的核心目标为根基，明确其主要任务及预期成果。具体而言，该体系需包含煤炭电力行业在资源优化配置、能源利用效率提升、环境保护及经济效益最大化等方面的具体要求与标准。第二，评价体系应综合考量煤炭电力行业的特性及实际运营状况，确保其具备较高的可操作性与实用性。这包括对煤炭电力行业的生产流程、技术设备、管理机制及市场环境进行深入分析，以便制定出切实可行的评价指标与方法。第三，评价体系应重视煤炭电力行业在协同增效过程中的创新能力和可持续发展能力。因此，评价指标应涵盖技术创新、管理创新、市场拓展及环境保护等多个维度，以激励企业在这些领域持续探索与进步。第四，评价体系应建立科学的量化标准与评价方法，确保评价结果的客观性与公正性。这包括采用定量与定性相结合的评价方法，对煤炭电力行业的协同增效效果进行全面评估，并提供具体的改进措施与建议。第五，评价体系应具备动态调整与优化的能力，以适应煤炭电力行业不断变化的内外部环境。这要求评价体系能够及时吸纳新的研究成果与技术进步，不断更新并完善评价指标与方法，以确保其始终具有较高的指导价值与应用效果。

5.4.2 评价体系构成

在深入研究和分析前文所阐述的评价体系构建的基本原则和准则的基础上，应当充分领会和理解《减污降碳协同增效实施方案》中所提出的相关要求和指导思想。基于这些要求，提出了一套针对燃煤电厂的协同增效综合评价体系（表 5.1），该体系包括 19 个二级评价指标，以及 1 个加分指标。

表 5.1 燃煤电厂协同增效综合评价体系

<table>
<tr><th colspan="2">一级指标</th><th>二级指标</th><th>性质</th><th>描述</th></tr>
<tr><td rowspan="6">常规性指标</td><td rowspan="4">合规性</td><td>合法合规</td><td rowspan="6">一票否决</td><td>燃煤电厂应该依据法律法规建设和生产，在建设和生产过程中应遵守有关法律、法规、政策和标准</td></tr>
<tr><td>装备更新</td><td>燃煤电厂应无《产业结构调整指导目录》《高耗能落后机电设备（产品）淘汰目录》中规定限制和淘汰的落后装备</td></tr>
<tr><td>碳排放配额清剿</td><td>燃煤电厂应按期完成碳排放配额清缴履约</td></tr>
<tr><td>排放标准</td><td>各种污染物排放指标应符合国家、地方现行有关标准对电力行业的要求</td></tr>
<tr><td rowspan="2">管理职责</td><td>管理分配</td><td>最高管理者应分派减污降碳相关的职责和权限，确保相关资源的获得，并承诺和确保满足减污降碳评价要求</td></tr>
<tr><td>管理制度</td><td>燃煤电厂应设有减污降碳、负责有关减污降碳协同增效的制度建设、实施、考核及奖励工作，建立目标责任制</td></tr>
</table>

续表

一级指标		二级指标	性质	描述
常规性指标	管理职责	管理方案	一票否决	燃煤电厂应有减污降碳协同增效建设中长期规划及量化的年度目标和实施方案
		教育培训		燃煤电厂应定期提供减污降碳相关教育、培训
	资源消耗	超低排放改造	权重比例计算	燃煤机组完成超低排放改造
		供电消耗煤量		年度耗煤量与发电量的比值
		二氧化碳排放		企业年度二氧化碳排放量与发电量的比值
		电厂用电率		电厂年度用电量与发电量的比值
		淡水资源消耗强度		企业每产生 1 kW · h 电能需要消耗的一定单位的淡水资源
		脱硫能耗		去除 1 t 二氧化硫所需要消耗的电量
		脱硝能耗		去除 1 t 氮氧化物所需要消耗的电量
		二氧化硫排放		企业每产生 1 kW · h 电能需要排放的二氧化硫
		氮氧化物排放		企业每产生 1 kW · h 电能需要排放的氮氧化物
		颗粒物排放		企业每产生 1 kW · h 电能需要排放的颗粒物
	资源转化	可再生能源	权重比例计算	（定性）企业相较于往年是否更多地利用了可再生能源
		粉煤灰等固废综合利用		企业粉煤灰等固体废物年利用量与产生量的比值
		废水回收利用	权重比例计算	工厂产生的废水回收利用的量与产生量的比值
		参与电网调峰调频		（定性）企业参与电网调峰及调频的情况
		参与社会相关项目		参与社会相关减排项目、为周边行业周边人民造福、协同处理城市固体废物等
其他指标（加分项）		一级指标变化情况	额外加分	是否有一级指标总体维持在所有企业前 20% 或相较于前一年进步超过 10%

在构建这套评价体系时，特别注意了评价指标的分类。具体来说，这些指标可以分为定性指标和定量指标两大类。对于定量指标，进一步将其细分为正向性指标和负向性指标。正向性指标是指那些评价结果会随着数值的增加而逐渐接近标杆值的指标，即数值越大，评价结果越好。相反，负向性指标则是指那些评价结果会随着数值的增加而逐渐远离标杆值的指标，即数值越大，评价结果越差。

5.4.3 指标权重及参考值

在综合评价指标体系中，每一项指标都设定了一个基准值和一个标杆值。基准值作为得分判定的底线，意味着如果某项指标的得分低于基准值，则该项指标得分为 0 分。然而，当指标得分处于基准值和标杆值之间，得分会在 0～100 分进行动态调整。这种设计旨在确保各项指标达到一定的基本要求，同时鼓励企业向更高的标杆值努力。

为了合理分配各项指标的权重，我们参考了包括《电力行业（燃煤发电企业）清洁生产评价指标体系》和《常规燃煤发电机组单位产品能源消耗限额》等在内的相关文献资料。通过对这些资料进行整理和分析，最终确定了各项指标的权重，并将其整理成表 5.2。在表 5.2 中，各项指标的权重被详细列出，以便进行综合评价。整个评价体系满分为 100 分，这意味着所有指标的权重加总后，各项指标的得分总和将不会超过这个满分值。通过这种方式，能够全面准确地评估企业在各个方面的表现，从而为企业持续改进提供有力支持。

表 5.2 燃煤电厂协同增效综合评价指标权重及参考值

一级指标	一级指标权重	二级指标	相关性	二级指标权重	单位	标杆值	基准值
合规性	一票否决	合法合规	正向	—	是 / 否	是	是
		装备更新	正向	—	是 / 否	是	是
		碳排放配额清剿	正向	—	是 / 否	是	是
		排放标准	正向	—	是 / 否	是	是

续表

一级指标	一级指标权重	二级指标	相关性	二级指标权重	单位	标杆值	基准值
管理职责	一票否决	管理分配	正向	—	是 / 否	是	是
		管理制度	正向	—	是 / 否	是	是
		管理方案	正向	—	是 / 否	是	是
		教育培训	正向	—	是 / 否	是	是
资源消耗	0.600	超低排放改造	正向	0.150	是 / 否	是	否
		供电消耗煤量	负向	0.050	g/（kW·h）	290	318.9
		二氧化碳排放	负向	0.050	g/（kW·h）	700	876.0
		电厂用电率	负向	0.050	%	4	6
		淡水资源消耗强度	正向	0.050	t/（10^4 kW·h）	1.35	2.5
		脱硫能耗	正向	0.050	kW·h/t（以 SO_2 计）	400	800
		脱硝能耗	正向	0.050	kW·h/t（以 NO_x 计）	600	1 000
		二氧化硫排放	正向	0.050	g/（kW·h）	0.15	0.43
		氮氧化物排放	正向	0.050	g/（kW·h）	0.22	0.43
		颗粒物排放	正向	0.050	g/（kW·h）	0.06	0.13
资源转化	0.400	可再生能源	正向	0.080	是 / 否	是	否
		粉煤灰等固废综合利用	正向	0.080	%	90	80
		废水回收利用	正向	0.080	%	90	85
		参与电网调峰调频	正向	0.080	是 / 否	是	否
		参与社会相关项目	正向	0.080	1	6	1
加分项		一级指标变化情况	正向		1	3	1

5.4.4 评价指数计算

根据表 5.2 计算得到的协同增效综合指数计算公式如下：

$$\text{ICSP} = \sum_{i=1}^{16} c_i w_i + a \tag{5.1}$$

式中，c_i——指标 i 得分；

w_i——指标 i 权重；

a——加分项得分，加分项达标杆值加 10 分，达基准值加 3 分，超过基准值未达标杆值得 6 分。

ICSP 数值收敛于 [0，100]，得分越高代表其协同增效发展水平越高。

c_i 计算公式如下：

$$c_i = \begin{cases} 100 \\ \dfrac{x_{\max,i} - x_i}{x_{\max,i} - x_{\min,i}} \times 100 \\ \dfrac{x_{\min,i} - x_i}{x_{\min,i} - x_{\max,i}} \times 100 \\ 0 \end{cases} \tag{5.2}$$

式中，x_i——指标 i 实际值；

$x_{\max,i}$——指标 i 标杆值；

$x_{\min,i}$——指标 i 基准值；

c_i——当 x_i 大于等于标杆值时，c_i 取 100；当 x_i 小于基准值时，c_i 取 0；当 x_i 处于标杆值与基准值之间时，区分正负值 c_i 与 x_i 成正比。

5.5 煤电企业绿色供应链管理与协同创新

5.5.1 绿色供应链管理的实施策略

绿色供应链管理是将环境保护、资源节约和社会责任融入煤电企业供应链管理的全过程，通过绿色采购、绿色生产、绿色物流等措施，实现煤电行业的可持续发展。我国制定了一系列绿色供应链管理国家标准，如 GB/T 39256—2020、GB/T 39257—2020、GB/T 39258—2020 和 GB/T 39259—2020，这些标准涵盖了制造企业绿色供应链管理的信息化管理平台、评价规范、采购控制和物料清单要求，为企业提供了一系列可遵循的绿色供应链管理规范。

（1）绿色采购与供应商选择

绿色供应链管理策略着重于实施绿色采购政策，通过制定明确的环保标准和要求，引导和规范采购行为，提升原材料和设备的环保性能。此外，建立一套完善的供应商环保评估机制，对潜在供应商的环境管理、资源利用效率、污染物排放等方面进行综合评估，以此作为选择供应商的重要依据。例如，联想集团要求占其采购支出超过 95% 的一级供应商遵守 EICC 准则，并通过正式合约和独立的第三方 EICC 审核来直接核实供应商尽职调查结果。通过这样的机制，煤电企业能够筛选出那些真正致力于绿色生产和可持续发展的供应商，共同构建一个环保、高效、负责任的供应链体系，从而在全行业范围内推动绿色转型和可持续发展目标的实现。华为集团是绿色供应链管理实践的先行者，通过发布《绿色采购宣言》，承诺优先采购具有良好环保性能或使用再生材料的产品，并与供应商合作，推动环保问题的解决和环境绩效的提升。

（2）绿色生产与物流管理

绿色供应链管理实施策略聚焦于绿色生产与物流管理的关键环节，旨在通过推广清洁生产技术，减少生产过程中的能源消耗和污染排放，实现生产活动的低碳化。山西焦煤集团积极发展绿色物流，通过优化运输结构，推广清洁能源车辆应用，推动大宗物资、中长距离货物运输“公转铁”“公转水”“散改集”，打造多式联运物流体系。目前，山西焦煤清洁运输车辆占比达 42% 以上，500 km 以上煤炭运输铁路货运量占比达 95% 以上。同时，山西焦煤利用“智慧物流云平台”进行集约化管理，通过平台合理调配车辆，提高车辆利用率，减少空车折返，降低碳排放量。该平台还计划开设“新能源车辆运输服务”板块，进一步推动物流运输向绿色、智能化发展。

（3）绿色供应链监控与评估

绿色供应链监控与评估是至关重要的环节。通过构建一个全面的监控体系，可以实时跟踪和监测供应链各环节的环保绩效，确保所有活动符合既定的绿色标准和法规要求。此外，定期对供应链管理的绩效进行详尽的评估，不仅能够发现当前操作中的不足，还能够为未来的改进措施提供数据支持和方向指引。企业可以通过核算产品从原材料采集、生产、运输、使用到废弃处理的全生命周期中的温室气体排放量来衡量其碳足迹。例如，联想集团在其供应链管理中，通过降低经营活动中范围一、范围二的碳排放，提升再生能源使用量和加强绿色工艺的开发、推广使用来降低碳排放。同时，能效比是衡量能源利用效率的重要指标，可以通过单位产品或服务所消耗的能源量来计算。例如，通用电气（中国）有限公司通过绿色供应链创新项目，帮助供应商有效和可持续地减少排放和能源消耗，实现绿色转型，增产增效。这种持续的监控和周期性的评估机制，有助于煤电企业及时发现问题、优化流程，不断提升供应链的环境友好性，确保绿色供应链管理目标的实现，同时促进整个行业的可持续发展。

我国正在加快构建产品碳足迹管理体系，以促进全产业链绿色低碳发展。例如，2024 年 5 月生态环境部等部门联合发布的《关于建立碳足迹管理体系的实施方案》（环气候〔2024〕30 号）旨在通过碳足迹核算和管理，推动企业减少温室气体排放。我国也在关注和学习其他国家在绿色技术发展方面的经验和做法，如借鉴欧盟的碳边境调节机制，以促进我国煤电行业的绿色低碳转型。

5.5.2 协同创新模式

（1）技术协同创新

煤电行业的协同创新策略着重于技术层面的合作与创新，通过强化煤电企业与科研机构、高等院校之间的合作关系，共同致力于节能减排新技术的研发。这种跨界合作能够集合不同领域的专业知识和技术优势，加速技术创新的步伐。同时，通过建立有效的机制和平台，促进技术成果的快速转化和应用，煤电企业能够将最新的科研成果应用于实际生产中，从而提升发电效率、减少污染物排放，实现清洁生产。此外，技术协同创新还涉及对现有技术的优化升级，以及对行业标准和规范的更新，确保煤电行业的技术水平与国际先进水平保持同步，推动整个行业的绿色转型和可持续发展。

（2）管理协同创新

煤电行业的管理协同创新策略着重于通过建立企业间的信息共享机制，促进行业内的沟通与协作，实现资源的高效利用和优化配置。这种机制不仅包括技术信息的交流，还涵盖了市场趋势、政策变化、最佳实践案例等方面的知识共享，使得煤电企业能够及时调整战略，应对行业变化。同时，推广先进的管理理念和方法，如精益管理、全面质量管理、环境管理体系等，有助于提高煤电企业的运营效率和管理水平。通过这些管理创新实践，煤电企业能够更好地控制成本、提升服务质量、增强市场竞争力，并在节能减排和环境管理方面取得显著成效，推动整个煤电行业向更加高效、环保的方向发展。

（3）产业协同创新

煤电行业的产业协同创新策略旨在通过跨行业的合作与整合，推动煤电行业与新能源产业的协同发展，以此作为实现能源结构优化和可持续发展的关键途径。这包括与风能、太阳能等可再生能源产业的深度融合，通过互补和集成，提高能源系统的整体效率和稳定性。同时，加强与上下游产业的合作，如与煤炭开采、设备制造、物流运输等相关产业的协同，以形成产业链的良性互动和循环。通过协同创新，煤电行业不仅能够提升自身的清洁生产水平，还能为新能源产业提供必要的调峰和储能支持，共同构建一个更加灵活、高效和绿色的能源体系。此外，产业协同创新还涉及政策引导、市场机制完善、技术创新和人才培养等多个方面，以确保产业协同发展的长期性和有效性。

5.6　煤电行业可持续发展的新模式探索

煤电行业作为国民经济的重要支柱，在“十四五”期间面临转型升级的挑战。随着全球对清洁能源和低碳发展的需求日益增长，煤电行业必须探索可持续发展的新模式。

这一模式探索的背景基于几个关键因素：第一，尽管清洁能源体系的建设是未来趋势，但煤电产业在短期内仍需保持稳定，以确保产业链的平稳过渡和社会的稳定。第二，煤电在电力供应中占据主导地位，其装机容量和发电量占比均较高，预计在未来数年内仍将占较大比例。此外，煤电在新能源输出和电力流中扮演着关键角色，特别是在新能源基地的建设和电力系统的调节能力上。第三，煤电的调节能力使其成为新能源电力体系构建的重要支撑。因此，煤电行业可持续发展的新模式需要在保障能源供应的同时，推动技术进步、提高能效、减少碳排放，并逐步向集约化、功能性和高质量发展转变，以适应“双碳”目标和生态文明建设的要求。

5.6.1 技术创新引领低碳化转型

（1）多技术路径下的低碳化改造：根据《煤电低碳化改造建设行动方案（2024—2027 年）》，煤电行业将通过生物质掺烧、绿氨掺烧以及 CCUS 等多项技术进行低碳化改造。这些技术不仅降低了煤电碳排放，还提升了煤电的清洁利用水平。其中：①生物质掺烧技术利用农林废弃物、沙生植物等生物质资源，实现煤电机组的掺烧，有效减少燃煤消耗和碳排放。②绿氨掺烧是结合可再生能源电解水制绿氢再合成绿氨的技术，在“电－氨－电 / 热 / 氢”综合能源系统中的应用前景广阔，是未来能源体系的重要支撑。③ CCUS：通过化学法、吸附法、膜法等技术分离捕集燃煤锅炉烟气中的二氧化碳，为煤化工等领域的碳中和提供了解决方案。因地制宜实施二氧化碳地质封存、地质利用和化学利用，重点在于进行多技术路线比选，探索差异化的低碳改造和建设路径。

（2）高效发电与灵活调节：“十四五”期间，煤电行业将加快推进节能降碳改造、灵活性改造和供热改造“三改联动”，实现煤电机组的高效、灵活运行。节能提效改造的主要途径是汽轮机通流改造、锅炉烟气余热深度利用和汽轮机冷端优化改造、能量梯级利用改造，探索高温亚临界综合升级改造等。供热改造的原则是积极推动区域长距离供热或者替代能耗高、污染重的燃煤小热电供热机组。而对于无法改造的机组，实施逐步淘汰关停，或通过容量替代新建清洁高效煤电机组。

5.6.2　产业融合推动多元化发展

（1）“煤电 +”耦合发电模式：耦合发电模式逐渐成为煤电转型的新思路。煤电可以与储能、CCUS、氢能等产业相结合，形成多能互补的综合能源系统。例如，“煤电 + 储能”通过火电配储电站的建设，将常规电源转变为宽域调节电源，提升电力系统的灵活性和稳定性；“煤电 +CCUS”则通过 CCUS 技术，实现煤电产业的低碳转型。

（2）风光水火储一体化项目：在国家政策的支持下，煤电企业将积极参与风光水火储一体化项目的建设，实现多能互补和协同发展。通过风电、光电等新能源与火电、水电、储能等多种能源的集成应用，构建新型电力系统，提高能源利用效率和可再生能源消纳能力。

5.6.3　政策机制保障可持续发展

（1）煤电容量电价新机制：为适应新能源占比不断提高的新型电力系统建设，国家发展改革委、国家能源局发布了《关于建立煤电容量电价机制的通知》，自 2024 年 1 月 1 日起在全国建立煤电容量电价机制。该机制通过回收煤电机组一定比例固定成本的方式，稳定煤电企业的收益预期，激励煤电企业提升容量保障能力和灵活调节能力，确保电力系统的安全稳定供应。

（2）支持政策与资金扶持的可持续性：国家及地方政府将加大对煤电低碳化改造和新建项目的支持力度，通过税收优惠、资金补助、技术创新支持等手段，降低煤电企业的改造成本和运营风险。同时，鼓励社会资本参与煤电行业的转型升级，形成多元化的投融资体系。在资金支持方面，明确利用超长期特别国债等资金渠道，对煤电低碳化改造建设项目予以支持，并鼓励各地加大对项目的投资补助力度。在政策支撑方面，探索建立政府、企业、用户三方共担的分摊机制，对纳入国家煤电低碳化改造建设项目清单的项目给予阶段性支持。

5.6.4 市场机制激发内生动力

（1）完善电力市场体系，推动多元化收益格局：在电力市场化改革的背景下，煤电企业的市场主体地位将得到进一步巩固，市场机制的资源配置作用将更加凸显。煤电企业将通过智慧化手段减员增效、优化运营管理等措施降低运行成本；通过生物质掺烧、绿氨掺烧等多元化燃料利用方式降低碳排放成本；通过参与电力辅助服务市场获得额外的收益。这些措施将共同推动煤电企业形成多元化收益的格局，增强企业的竞争力和可持续发展能力。

（2）金融支持煤电转型：优化转型金融产品设计机制，合理有效的转型金融产品，是满足电力行业等高碳产业部门低碳转型过程中资金需求的关键因素。当前我国的转型金融产品设计相对单一，整体以中短期为主，这其实与碳密集行业的低碳转型资金需求相悖，并且我国转型金融产品一般仅围绕环境因素设置单个指标，未将社会以及企业治理等因素纳入其中。未来金融机构应适当延长转型金融产品投放期限，合理设置转型金融产品挂钩指标，丰富创新转型金融产品体系，满足煤电等高碳行业低碳转型金融需求。

（3）推动数字转型，辅以 ESG 内部抓手：其一，推进“智慧电厂”建设，通过数字化、网络化、智能化技术改造传统生产流程，实现智能诊断、远程运维、智能调度等功能；利用数字孪生技术，为设备维护、工艺优化提供精确模拟和预测分析，减少停机时间，提高运营效率；同时，构建能源大数据平台。其二，有必要借助 ESG 将企业发展的外部影响内部化，推动煤电企业经济价值和环境社会发展效益的动态平衡。以国家能源集团旗下的中国神华为标杆案例，构建“煤—废—碳”协同发展实施路径，做好 ESG 信息披露、培训与落地实施工作，实现企业的可持续发展。

综上所述，煤电行业作为国民经济和社会发展的重要支柱和能源安全保障的基础，其可持续发展对于实现“双碳”目标和构建新型电力系统具有重要意义。在技术创新、产业融合、政策机制及市场机制等多方面共同作用下，煤电行业将实现从传统能源产业向清洁低碳高效转型的跨越式发展。

CHAPTER 6

第 6 章

践行减污降碳实现 ESG 典型案例

本章将介绍在煤电行业成功践行减污降碳协同、以实现 ESG 可持续发展理念的国内及国际公司的实践做法，以期望带来一些启发。

6.1 国能粤电台山发电有限公司案例分析

6.1.1 公司简介

国能粤电台山发电有限公司（以下简称“台山电厂”）于 2001 年 3 月 28 日注册成立，台山电厂的投产发电，很大程度上缓解了广东省用电紧张的局面，为广东省的经济发展作出了重要贡献。

台山电厂为电力生产企业，拥有 7 个机组，其中，5 个机组容量为 630 MW，2 个机组容量为 1 000 MW。台山电厂已成为广东省，特别是珠三角地区的重要能源保障单位，是装机容量居世界第十、全国第四、广东第一的大型燃煤电厂。

6.1.2 混氨燃煤发电

燃煤锅炉混氨燃烧技术是低碳燃料掺烧技术的一种，相较于现阶段煤电企业多采用的 CCUS 技术，具有适用性广、灵活性好的特点，即在实现燃煤机组大幅碳减排的同时保持燃煤锅炉现有主体结构和受热面系统不做大的改动，有效降低了实施该技术的风险和成本，并且从长远来看，随着绿电、绿氨成本的下降，该项技术将更经济可行。

现阶段，国内的混氨燃烧技术尚处于初步探索阶段，技术研究主要集中于机理研究、小尺度实验室实验，尚未有工程示范应用实例。2022 年 10 月，台山电厂立项“600 MW 燃煤锅炉混氨燃烧关键技术研究与工程验证”项目。项目内容主要分为三部分：一是开展设备研发，形成可适用于大容量燃煤锅炉的混氨燃烧装备系统；二是开展工程试验，研究 600 MW 燃煤锅炉作为燃烧装备的实际燃烧性能及炉膛对混氨掺烧的适应性，此部分已于 2023 年完成，成功实现“600 MW 负荷 5%，300 MW 负荷 10%”的掺氨比例；三是开展过程改造，在已有的工程试验的基础上，优化大容量燃煤锅炉混氨燃烧装备并对炉膛进行多级分区过程改造，进行高比例混氨工程验证和试验研究，制定混氨清洁高效燃烧协同控制策略，实现“600 MW 负荷 10%，300 MW 负荷 20%”的掺氨比例，预计在 2024 年年底完成。

台山电厂现已研发出高效稳燃、低氮排放一体化的氨煤混燃低氮燃烧器，形成了一套完整的燃煤锅炉混氨燃烧技术，有效实现燃煤锅炉在 0～35% 的混氨比例下稳定着火与燃尽，控制热力型 NO_x 生成量。该项技术成果未来可以应用于发电领域、工业领域的燃煤锅炉，可在新建或已有燃煤机组进行推广应用，逐步替代化石燃料，实现我国电站燃煤机组和工业燃煤机组的大规模碳减排，同步减少二氧化硫、粉尘等大气污染物的产生量，实现减污降碳协同。

6.1.3 机组提效改造

在电力结构调整的大背景下，台山电厂面临着珠三角原煤消费下降、西电东送及核电投产、煤电“双控”目标等多重压力。为响应国家能源发展规划、实现碳减排目标和满足电网现货市场需要，台山电厂结合已有成功改造工程经验和“绿色改造计划”研究基础，于 2021 年开展 2 号机组升参数综合提效改造项目，并于 2023 年 4 月正式完工并网。

通过实施锅炉、汽轮机、辅机和管道等一系列改造工程，台山电厂 2 号机组额定发电容量从 600 MW 增加至 630 MW。增容部分可为全厂协调停备检修创造条件，同时增大广东省统调容量，为电力系统的稳定运行提供有力支撑。实施提效改造后，2 号机组锅炉蒸发量将达到 1 850 t/h，锅炉出口过热蒸汽压力不变，锅炉侧主蒸汽和再热蒸汽参数由 17.5 MPa · g/541℃ /541℃提高至 17.5 MPa · g/605℃ /603℃。机组供电标煤耗率可从原来的 315 g/（kW · h）降低至 291 g/（kW · h），按年利用 4 242 小时计算，预计每年可节约标煤约 5.772 万 t，即节约燃料成本约 4 621 万元 /a，机组大气污染物的年排放量也将得到大幅削减，既有利于改善区域生态环境质量，也有利于资源节约型、环境友好型政策的实施。

6.1.4　多能互补发电

以风能为代表的新能源占比逐年提高，如何克服其出力存在的间歇性、波动性、不确定性，成为解决新能源规模化消纳及电力系统安全稳定运行的重要问题。同时，新能源的快速发展会导致传统煤电机组频繁爬坡和长时间低负荷运行等问题，企业需要承受额外的碳排放成本。

基于源网荷储一体化和多能互补等创新技术，台山电厂成功打造以“火电机组 + 新能源 + 灵活电热负荷”为核心的新一代智慧电厂技术体系，转型成为能够一体化运营火电、风电、光伏、储能以及电热 / 蓄热锅炉等多种能源的综合能源服务企业。通过充分发挥已有煤电机组调峰能力、合理规划安排煤电检修时间、利用储能设施对新能源进行调节等，研发风光火储热一体化智能发电平台，研究综合能源智能一体化调控技术，实现电与新能源电站综合调度和协同控制，实现多能互补发展，促进粤西海上风能、光伏电力的开发和消纳，助力企业低碳转型和绿色发展。同时，台山电厂针对不发电模式和电量交易模式，开展智慧能源一体化运营技术研究，包括基于新型智慧电厂的调峰服务、黑启动服务、清洁供热服务技术研究，逐步转变为以新能源为主体、以电网安全运行为前提、以服务用户需求为目标的新型智慧电厂。

6.2　国能常州电厂的绿色转型之路：煤电企业变革创新

近年来，全球气候变化的严峻现实正推动着各行各业进行深刻的变革，尤其是能源行业正面临着前所未有的转型压力，同时也迎来了向多元化、清洁化、低碳化和智能化发展的历史级变革机遇。对传统的煤电企业而言，这不仅是一个巨大的挑战，更是企业转型升级、实现可持续发展的关键时刻。

面临这样的机遇和挑战，如何交出一份满意的答卷是每一个企业所面临的深刻变革问题。通过同行业分析和介绍，研究发现中国能源集团常州发电有限公司（以下简称“国能常州电厂”）作为老牌电厂，克服原有模式的固有问题，打造出融入城市绿色发展的综合能源服务新模式，交出了一份值得借鉴的改革答卷。常州市地理位置如图 6.1 所示，常州电厂如图 6.2 所示。

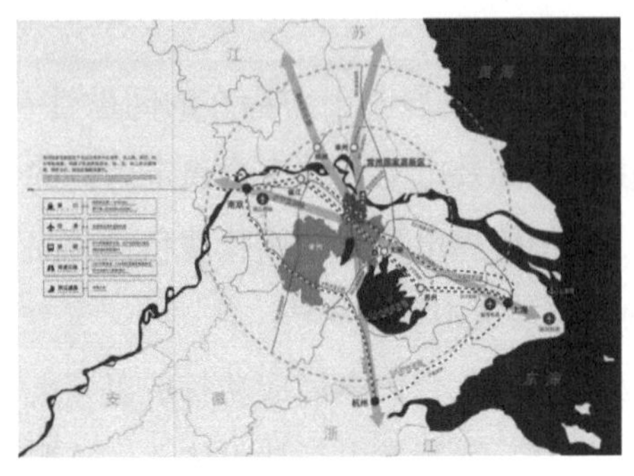

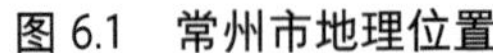

图 6.1　常州市地理位置

图 6.2　常州电厂

6.2.1　国能常州电厂概况

国能常州电厂作为常州市唯一的高效环保大机组燃煤电厂，承载着重要的能源供应使命。作为原国电集团成立后的首个 600 MW 级电源项目，该电厂配备了 2 台 630 MW 超临界机组。近年来，国能常州电厂面对行业转型的巨大挑战，抓住时代变革的新机遇，本着“城市所需，电厂所供”的服务理念，正逐步转型成为一家领先的综合能源服务企业。

公司坚持以电力生产为核心业务，以热力供应为主要方向，同时积极探索和拓展多样化的能源供应，满足周边企业和社区的能源需求。通过实施技术升级和智能化管理措施，国能常州电厂有效降低了污染物排放和碳排放，同时确保了城市能源供应的稳定性，为常州市的绿色低碳发展提供了坚实的“动脉”和“静脉”支持。

6.2.2　解决途径分析

（1）多能源供应的“动脉”

国能常州电厂在提供多样化能源方面取得了显著成就。除提供电能以外，还通过区域集中供热替代部分电需求。依托背压机项目，实现热电解耦，向周边 63 家工商业用户供气 320 t/h，社会综合能效提升约 30%，节约标煤 4.36 万 t，减少二氧化碳排放约 11.34 t。此外，国能常州电厂还对外供应压缩空气，积极探索液态压缩空气储能与火电机组动态耦合，供应能力达到年产

2.68 亿标 m^3 气体。同时，利用循环水排水为液化天然气气化提供热源，热交换后冷水排回电厂循环水进口，有效降低了电厂机组背压，消除了 LNG（液化天然气）分销转运站的冷排放环境影响。

（2）城市固废的“静脉”消纳

国能常州电厂充分发挥煤电的“静脉”功能，即消纳城市固体废物，实现减污降碳协同增效。通过使用蒸汽圆盘干燥机污泥干化工艺，对市政污泥、工业污泥、河道污泥、药渣等其他固体废物进行处理，有效实现了物料的减量化和无害化。这种工艺的原理是将含水率 60%～80% 的污泥，利用电厂蒸汽，通过干化机脱水至含水率 30%～40%，再输送至输煤皮带和原煤掺混，最后送至炉膛焚烧处理（图 6.3）。该工艺的物料减量化率大于 90%，随之产生的约 10% 的灰渣随电厂粉煤灰综合利用，无二次污染，为建设大规模固体废物处置中心提供了可行的解决方案。

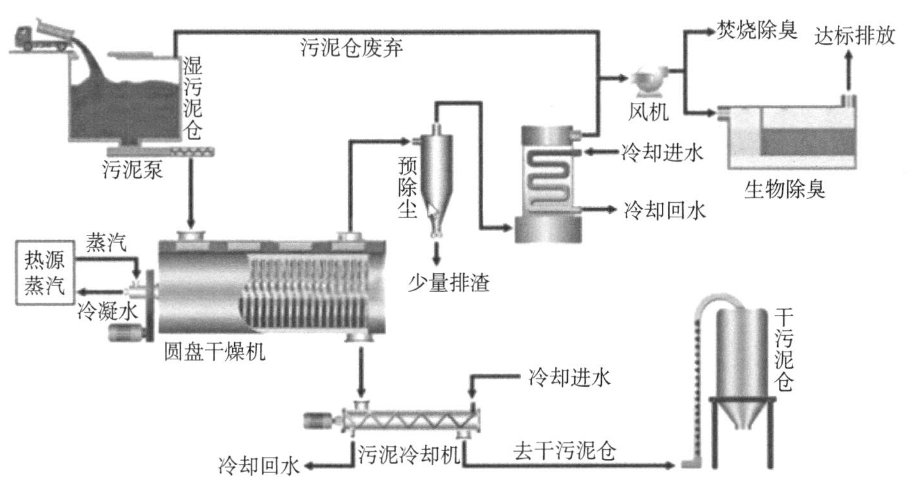

图 6.3　污泥干化工艺示意图

在探索污泥臭气处理系统方面，国能常州电厂采取了切实有效的解决措施。针对浓度较高的组分多的臭气，通过多方位储存、输送沿途、输送路线优化、输送过程全密封，减少了臭气释放量，再利用负压臭气和降温除臭工艺初步处理，进一步输送至烟气净化系统深化处理。同时还设置了应急预案，使用“酸洗 + 碱洗”化学除臭（图 6.4）。

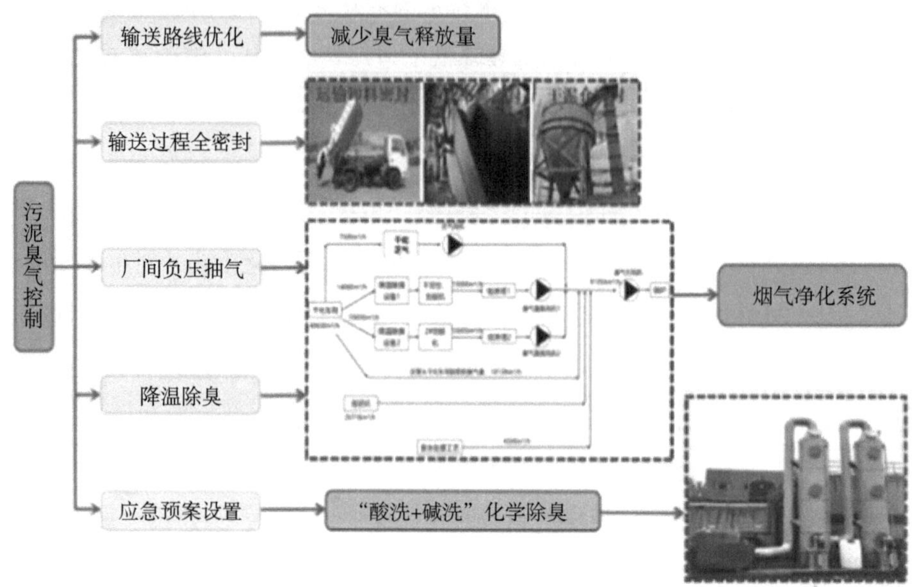

图 6.4　臭气处理示意图

针对废水处理，国能常州电厂建成污泥干化冷凝液废水处理系统。对氮含量为 600～1 500 mg/L 的废水，设置两级系统反硝化脱氮；对于低 COD 含量的废水，由于碳源不足需要设置碳源补加系统。废水通过混凝沉淀和气浮组合工艺去除悬浮物和油后，再进入两级 AO 系统进行硝化和反硝化脱氮，脱氮后的废水经沉淀达标方可排放。此外，系统同时配备除臭和换热装置，收集臭气后送至锅炉掺烧，废水温度过高需经换热装置降温至 38℃以下，再进入 AO 生化系统进行脱氮处理。

在合规性方面，国能电厂的减污降碳系统经过第三方现场检测锅炉影响实验和环境影响实验，证实污泥掺烧后锅炉热效率变化幅度不超过 ±0.1%，且符合垃圾焚烧炉排放标准和国际最高标准，从而有利于实现锅炉长周期、安全稳定、清洁运行。

6.2.3　实施效益分析

（1）环境效益和社会责任效益

国能常州电厂在进行能源供应的同时还采用绿色环保的方式处理城市固体废物，收获了显著的节能减碳效益。相比独立焚烧污泥处置设施，该项目减少区域标煤消耗 11 017 t/a，且通过煤粉锅炉耦合焚烧替代标煤 8 500 t/a，同时减少二氧化碳、二氧化硫、氮氧化物、细颗粒物等气体排放。

国能常州电厂不仅获得国家能源集团“安全环保一级企业”等多项荣誉，还积极探索煤电绿色低碳转型，融入“长江生态体系”。通过实施“一心两脉”战略，国能常州电厂在确保城市能源供应和消纳城市固体废物方面取得了显著进展。

（2）经济效益

国能常州电厂的污泥处理还带来了丰厚的经济效益，污泥的处置价格达到了 320 元 /t，日处理量达到了 500 t，累计年处置量为 15.9 万 t，合计年收入约 5 000 万元，解决了常州市 30% 的污泥处置需求。2021 年，综合能源产业直接产生利润 1.5 亿元，占全年总利润的 75%。正是由于国能常州电厂锐意进取，积极践行政策要求，深入打好污染防治攻坚战，实现减污降碳协同增效，所以在全行业普遍亏损的 2021 年，国能常州电厂依然实现盈利，并在 2023 年成为单位千瓦盈利能力区域最强的电厂。

6.3　德国 Niederaussem 电厂减污降碳协同突破

6.3.1　公司简介

Niederaussem 电厂是位于德国北莱茵 - 威斯特法伦州的一座发电站，由德国最大的电力生产商 RWE 所有（图 6.5）。它由 9 个单元组成，建于 1963—2003 年，是德国最大的在运褐煤发电厂，总净容量为 2 220 MW。作为 RWE 集团的一部分，它见证了从初期 150 MW 机组到 2003 年达到 1 000 MW 容量的技术进步。

图 6.5　Niederaussem 电厂

Niederaussem 电厂在提高发电效

率和减少环境污染方面取得了显著成就，尤其是其 K 单元，以超过 43% 的效率创造了褐煤发电的世界纪录。自 1963 年运行以来，时至今日，该发电厂仍然为数百万人提供稳定的电力，并为开发创新技术以及为气候友好型电力未来设定了新标准。为了应对德国煤炭政策的要求，Niederaussem 电厂持续推行能源转型策略，通过关闭部分发电机组、开发创新技术如 CCS 技术等，致力于为清洁能源打造一个更加可持续的未来。Niederaussem 电厂的发展，是全球能源行业转型的一个缩影，它的发展和变革，为世界提供了一条通往可持续能源未来的可行路径。Niederaussem 电厂的能源转型策略及其技术路线的探索值得学习借鉴。

6.3.2 CCUS 技术的先驱与合成燃料的探索

Niederaussem 电厂早在 2009 年就开始试点测试通过一种化学溶剂从烟气中分离二氧化碳的技术，该技术可以减少 20% 的能源投入。同年，又在此地落成德国第一座二氧化碳洗涤厂，成为 RWE 集团 CCUS 技术商业化计划中的关键环节，该实验工厂耗资 900 万欧元，每小时能够从发电厂烟气流量中捕获大约 300 kg 的二氧化碳，捕获效率达到了 90%。

Niederaussem 电厂在 CCUS 技术领域持续开展探索。2018 年，隶属 RWE 集团的 Niederaussem 电厂积极参与了 ALIGN 项目。该项目是一个综合的全链条项目，旨在促进 CCUS 技术快速发展（图 6.6）。通过参与 ALIGN 项目，Niederaussem 电厂致力于解决 CCUS 链条中的难点问题，目标是在 2025 年前实现大规模且具有经济效益的 CCUS 部署。作为该项目的一部分，Niederaussem 电厂参与了多个工作包，涵盖了提升二氧化碳捕集效率、优化二氧化碳运输方案、确保大规模二氧化碳储存网络的可行性以及研究 CCUS 技术的社会接受度等领域。通过这些工作，Niederaussem 电厂不仅在技术创新方面取得了显著进展，而且在推动能源系统向低碳未来转型中发挥了至关重要的作用。该项目获得欧盟“地平线 2020 计划”下 ACT 项目的支持，以及来自其他相关组织的资助，进一步巩固了 Niederaussem 电厂在 CCUS 技术发展领域的领先地位。

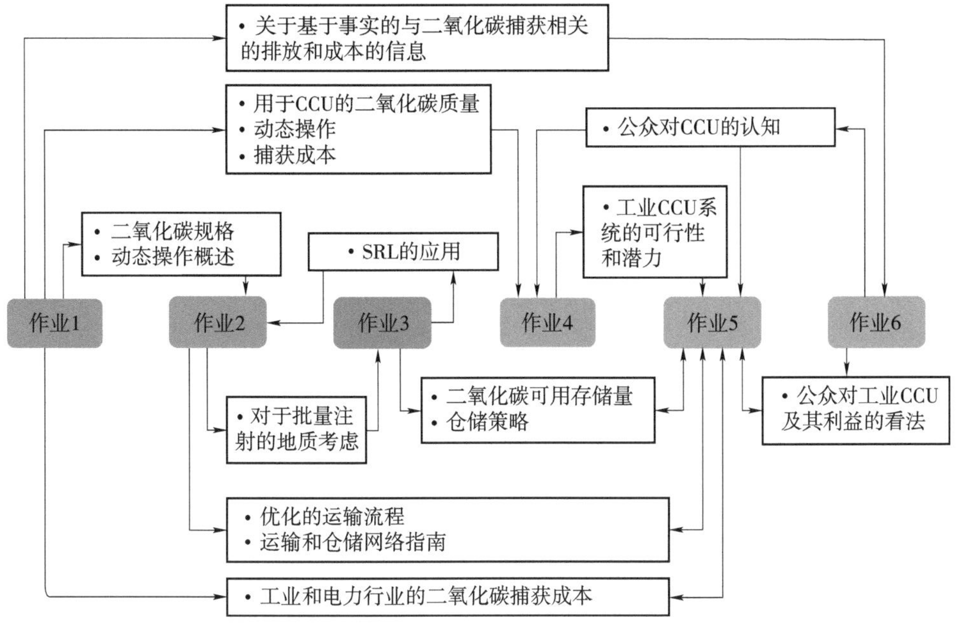

图 6.6　ALIGN 项目工作包示意图

注：CCU（Carbon Capture，Utillization）为碳捕获、利用技术；SRL（Storage Readiness Level）为存储准备级别

6.3.3　创新降低汞排放

Niederaussem 电厂通过引入新开发的褐煤焦化技术，显著减少了其排放烟气中的汞含量。该技术包含两种工艺模式：干式工艺与湿式工艺，均已在 BoA1 褐煤发电厂的烟气处理系统中完成了全面示范和长期测试。该系统旨在连续运行和自动化操作过程中降低汞排放，处理的烟气体积流量约为 1.6 万 m^3/h。

在该过程中，干式工艺通过气动输送管道对材料进行计量，并同步分配至 16 个喷嘴。相较之下，湿式工艺则采用不同的处理与分配技术。两种工艺均致力于通过改善褐煤焦的注入速率与分布，达到最佳的穿透深度与均匀覆盖效果，进而提升汞的去除效率。

6.3.4　其他技术创新

Niederaussem 电厂作为 RWE 集团煤炭创新中心的所在地，致力于推进多项关键技术的研究工作。这一过程不仅提升了资源的循环利用率，还有助于降低氮氧化物的排放。此外，该发电厂还积极促进烟气脱硫技术的发展，通过这些创新措施，Niederaussem 电厂在提高能源效率和减少环境污染方面取得了显著成就。在 ITZ-CC1 项目中，Niederaussem 电厂从污泥污水中回收磷和碳。该项目建立了一个试验工厂，整合了从将污泥和其他含碳原料引入高温转换反应器，到回收磷产品和合成气的整个转换链。

Niederaussem 电厂还通过 REAplus 技术改进化学过程实现脱硫。采用分阶段洗涤方法，通过从烟气中吸出二氧化碳，优化了石灰石悬浮液与烟气中二氧化碳的接触。在 Niederaussem 电厂的全尺寸试验设施中，每小时能处理高达 5 万 m^3 的烟气。REAplus 技术省去了烟气预处理步骤，直接在吸收器中进行高效脱硫，同时测试了连续运行的适用性。通过这种方式，REAplus 在不增加额外单元的情况下，实现了对二氧化硫的高效去除，减少了能源消耗，并提高了整个脱硫过程的效率。

此外，在减少氮氧化物方面，Niederaussem 电厂通过优化燃烧技术和实施一级措施及二级措施，有效降低了其褐煤电厂的氮氧化物排放。一级措施通过改进燃烧过程，控制氧气供应、火焰和燃烧温度等关键因素，预防氮氧化物的形成。二级措施则通过向烟气中添加氨或尿素，采用 SNCR 和 SCR 技术进一步降低氮氧化物排放。

6.3.5 褐煤退出与可再生能源布局

虽然 Niederaussem 电厂持续通过创新技术研发来打造环境友好型电厂，但是由于煤炭本身具有较大的污染性，其潜在环境威胁不容忽视。正因如此，Niederaussem 电厂在 2018 年被列入全球碳污染最严重的十大燃煤电厂之一。无论是出于对环境的考量还是政策要求，淘汰煤炭、发展可再生清洁能源都是 RWE 集团对旗下褐煤发电厂的规划路径。根据德国颁布的《联邦煤炭淘汰法案》，Niederaussem 电厂先后停用了 D 机组、C 机组，E 机组和 F 机组也于 2024 年 4 月 1 日退役，以期实现 2030 年淘汰煤炭的计划。为了解决能源危机，RWE 集团计划在已有的发电厂地中建造 3 GW 的氢能燃气发电厂，并大幅扩展绿色核心业务。仅在德国境内，该公司就计划于 2024—2030 年在海上和陆上风电、太阳能、储能、灵活的备用容量和氢能方面净投资 110 亿欧元。

由此可见，Niederaussem 电厂作为德国北莱茵－威斯特法伦州的能源巨擘，正经历着从传统煤电向清洁能源的转型。RWE 集团通过该电厂实施的 CCUS 技术、合成燃料开发、减少汞排放的褐煤焦技术，以及从污泥中回收磷和碳的 ITZ-CC1 项目，展现了其在环保和技术创新方面的坚定步伐。同时，REAplus 技术的脱硫应用和氮氧化物排放的控制措施，进一步证明了 Niederaussem 电厂在减少污染物排放方面的努力。

总体来看，面对德国逐步淘汰煤炭的政策，Niederaussem 电厂正通过有序停用煤电机组，积极响应环境法规和市场变化。RWE 集团的能源转型战略，包括在现有电厂场地建设氢能燃气发电厂，以及对风电、太阳能、储能和氢能的巨额投资，在 CCUS 技术等方面的前沿探索和有效路径，标志着其对低碳未来的承诺。

CHAPTER 7

第 7 章

政策建议与保障措施

7.1　完善煤电行业环保与低碳发展政策体系

在全球气候变化日益加剧的背景下，煤电行业面临着前所未有的环保和减碳压力。作为全球温室气体排放的重要来源之一，煤电行业的低碳转型不仅是实现环境保护目标的关键环节，也是全球各国应对气候变化、履行国际承诺的重要举措。为了推动该行业实现可持续发展，相关部门需要在立足我国国情的基础上，结合自身能源结构和经济发展需求，制定切实可行的减排路径，加大节能降碳工作力度，统筹推进存量煤电机组低碳化改造和新上煤电机组低碳化建设，并加快构建清洁低碳、安全高效的新型能源体系，积极践行碳中和目标。

根据环境协同治理理论的观点，实现碳中和目标仅依靠煤电行业从业人员的努力远远不够，相关部门必须积极参与并影响整个产业的系统化建设，通过多方协同合作，推动煤电行业绿色转型。政府部门需要发挥主导作用，制定并实施一系列综合性政策，为煤电行业的减排工作提供坚实的制度保障和政策支持。

7.1.1　加强规划体系建立

在政策引领方面，煤电行业需要自上而下的政策支持体系，从宏观层面明确产业发展的阶段性目标。国家发展改革委和国家能源局已推出《煤电低碳化改造建设行动方案（2024—2027 年）》等政策及落实方案，明确了煤电行业低碳转型的目标和路径，以期实现到 2027 年煤电行业的碳排放水平向天然气行业看齐，这标志着我国煤电行业在减碳道路上迈出了坚实的步伐。

未来，煤电行业低碳化的政策布局可以逐渐细化为“技术研发与示范—规模化应用—商业化发展”，根据科学的产业发展阶段循序渐进地实现低碳目标（图 7.1）。首先，政府应明确当前煤电行业减污降碳的技术先锋，推广 CCUS 等先进标杆技术，逐步淘汰低效高排放煤电机组落后产能，划定具有潜力的煤电行业重点区域，开展综合能源基地一体化集成技术应用示范活动，总结出领先经验并推广至全国。在规模化应用阶段，要基于示范阶段的经验，优化产业布局，推动产业集群的形成和发展。还需要根据不同地区资源和需求特点，设定具体的、可量化的技术指标和环境标准。进入商业化发展阶段后，政策制定应偏向于通过市场化手段激发产业活力，如碳交易市场、绿色电力证书等，并鼓励探索新的商业模式，如综合能源服务、需求侧管理等，拓宽收益渠道。

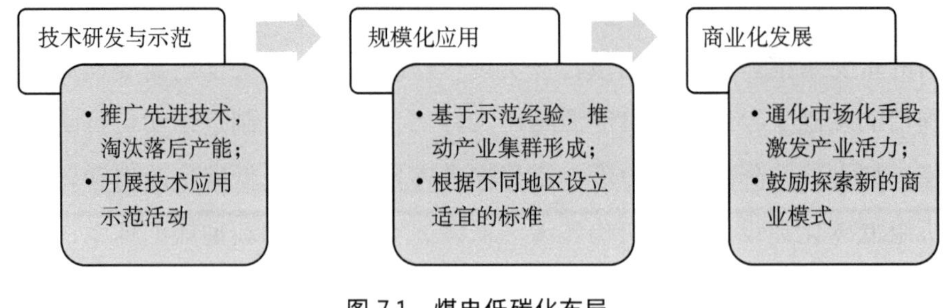

图7.1 煤电低碳化布局

其次，在法律和标准体系方面，煤电行业需要与时俱进制定更具有针对性的能源领域法律制度，同时确保修订后的法律法规与国际能源和环境标准兼容，促进国际合作与交流。政府应进一步提高煤电行业的排放标准，尤其在二氧化碳、二氧化硫、氮氧化物和颗粒物排放方面，通过引入更为严格的环保法规，倒逼企业采用清洁生产技术和实施节能减排措施。

最后，尤其应注重顶层设计与因地制宜相结合。鼓励各地区和行业协会依据地方实情制定与实情相符合的地方标准，督促企业践行减污降碳社会责任。在参考国际标准和行业需求的基础上，建立低碳化的技术标准与核算标准。此外，还可以通过实施阶梯式排放收费制度，对污染物排放量大的企业征收更高的环保税，通过经济手段引导企业减少碳排放，为煤电行业绿色低碳转型提供坚实的基础。煤电行业还需加强新型储能技术的安全研发，并不断完善相关设备设施、规划布局、设计施工及安全运行的技术标准规范，以确保技术的安全性和先进性，推动行业的绿色低碳转型。

7.1.2 建立支撑煤电绿色低碳转型的科技创新体系

在建立煤电技术科技协同创新体系方面，创建国家级的煤电行业创新平台，以国家实验室为核心，整合行业内外的科研资源，确保煤电行业的技术研发与国家能源战略同步，由国家层面提供方向指引和支持。通过国家战略科技力量、企业、市场需求以及产学研用的深度融合，以需求端技术进步为导向，实现上下游企业间的协同和供应链的紧密合作。通过参与重大能源项目，如超临界和超超临界煤电厂的建设，煤电企业可以联合研发更高效的发电技术、更环保的排放控制设备，并实现这些技术的规模化生产和应用。为了进一步促进科技创新，煤电行业还需要完善技术创新服务平台，提升研发设计、测试计量、检测认证以及知识产权服务等方面的能力。通过这些服务平台，可以更好地将科研成果转化为实际应用，提高煤电行业的整体技术水平和竞争力。

政府应加大对低碳技术创新的支持力度。聚焦煤电行业的关键技术，如 CCUS 技术，高效发电技术，污染物控制技术等，加快研发进程。为此，建议设立专项资金和科研项目，鼓励企业、科研机构和高校联合攻关，支持行业龙头企业与高等院校、科研院所共建研发平台，实施跨学科、跨行业的协同创新项目，解决煤电行业面临的复杂技术及挑战，推动技术成果的快速转化与应用。

同时，政府应出台技术应用激励政策，降低企业应用先进环保技术的成本，推动煤电行业整体升级。煤电行业还应探索与信息技术的融合，建立智能控制系统，提升运营效率和安全性。

7.1.3　完善财政金融支撑体系

为支持煤电企业低碳转型，政府应加快构建绿色供应链金融体系。具体而言，政府应带头设立专注于煤电行业绿色转型的投资基金，这些基金将为煤电企业提供必要的资金支持，用于研发和部署清洁技术，并通过提供优惠贷款、税收减免等措施，降低企业的财务负担，激励企业投资于节能减排和能效提升项目。建立绿色评级体系，将企业的环保表现和碳减排成效作为信贷评估的重要指标，促使金融机构在贷款决策中考虑环境因素。通过政策引导和社会资本的参与，形成公共和私人部门共同推动煤电行业绿色发展的强大合力。推动煤电行业相关基础设施项目开展市场化投融资，探索将这些项目纳入基础设施领域不动产投资信托基金（REITs）试点。鼓励企业发行绿色债券，为煤电行业的环保升级和低碳技术改造提供长期、稳定的资金来源。

在资金补贴方面，应发挥政府的带头作用，对符合条件的绿色煤电转型项目从特殊资金渠道予以支持，并择优纳入先进技术示范工程。按照“成本+合理收益”的原则，合理设定煤电机组进行调峰能力的补偿标准，确保改造项目能够获得公正的回报，从而激励煤电企业主动进行灵活性提升改造。考虑不同电网对新能源的吸纳能力存在差异，应采取差异化策略，根据各地实际情况调整和优化补偿机制。

7.1.4　充分发挥市场作用

煤电行业要想实现低碳化发展，必须充分利用市场机制，关键在于建立一种能够反映碳排放真实成本的价格机制，利用市场信号引导煤电企业进行能效提升和减排技术的投资。通过建设碳交易市场，为碳排放定价，使煤电企业在减少温室气体排放中获得经济激励，同时为低碳技术投资提供回报空间。此外，政府需要确保市场公平，打破市场壁垒，确保煤电企业在提供电力系统可靠性和灵活性服务方面与其他能源平等竞争，通过市场选择促进最优能源结构的形成。

在需求侧管理方面，采取差别电价、需求响应等措施，引导用户在高峰时段减少用电，平衡电网负荷，降低对煤电的依赖，减少碳排放。还应加强对煤电企业碳排放和环境影响的监管，确保环境数据公开透明，使市场参与者能够基于完整信息作出决策。相关部门有必要提供风险管理工具，帮助企业应对转型风险，并对消费者进行教育以促进绿色消费。

综合来看，煤电行业的减污降碳协同增效及可持续发展需要政府在政策体系、科技创新、财政金融支撑以及完善市场机制等方面发挥关键作用，实现政府与市场双轮驱动，解决环境治理负外部性问题。通过确立宏观发展目标、加强技术研发与示范、完善法律标准体系、构建多元化投融资机制，以及充分利用市场激励，可以为煤电行业绿色转型提供坚实的支撑。同时，政策制定者必须采取综合性措施，确保政策的连贯性和实施的有效性。这些措施的整合与协同，将推动煤电行业朝着清洁、高效和可持续的方向发展，为实现碳中和目标作出贡献。

7.2　加强煤电行业监管和执法力度

在当今世界，随着人们环境保护意识的不断增强和可持续发展理念逐渐深入人心，煤电行业作为传统能源的重要组成部分，正面临着前所未有的环境监管压力。为了应对这一挑战，实现煤电行业的绿色转型，必须从多个维度加强监管和执法力度，确保环境保护与行业发展和谐共生。煤电行业监管和执法框架如图 7.2 所示。

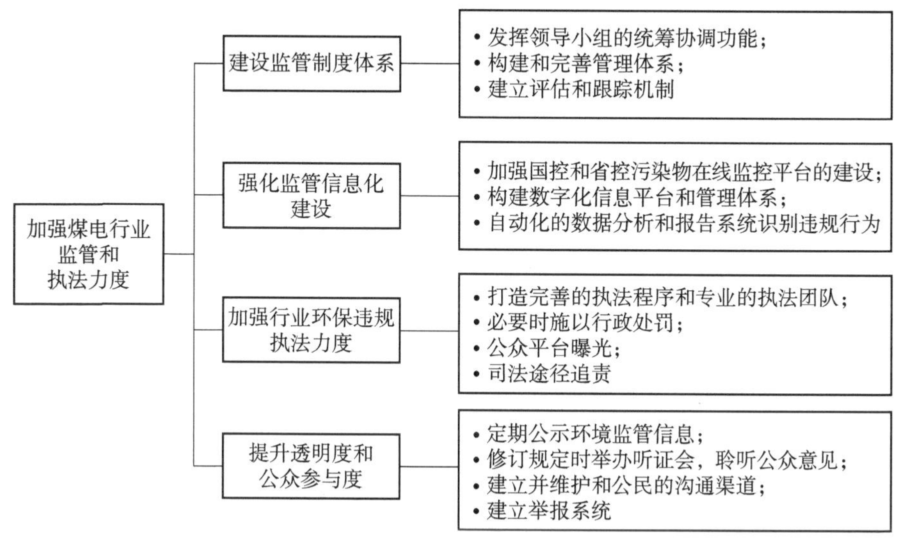

图 7.2　煤电行业监管和执法框架

7.2.1　建设监管制度体系

加强煤电行业的监管和执法力度，首先需要从制度化建设入手。制度是监管工作的基石，通过确立明确的环保监管目标和责任，将煤电行业的监管制度落实到位。为了加强煤电行业的环保监管，必须充分发挥节能减排工作领导小组的统筹协调功能，确保环保政策得到严格执行和深入实施。领导小组需明确各成员单位的目标责任和职能分工，将煤电环境监管成效作为政绩考核的重要指标之一，以激励各级政府和相关部门积极履行环保职责。

在此基础上，要构建和完善管理体系，为区域煤电环保监管政策的连续性和有序性打下坚实基础。领导小组应密切关注区域内煤电环保监管的新情况和新问题，通过深入研究和及时解决，不断提高监管工作的适应性和有效性。

此外，建立科学合理的评估和跟踪机制至关重要。这包括定期对煤电环保政策的实施效果进行评估，确保每项措施都能得到有效执行，并根据评估结果进行必要的调整和优化。通过持续的跟踪和评估，可以确保环保监管措施真正落到实处，推动煤电行业朝更加绿色、可持续的发展方向转型。要完善统计和考核督查制度，对表现优异的企业和个人给予表彰和奖励，激发企业减排积极性。

7.2.2 强化监管信息化建设

在数字治理时代，信息化建设是提升煤电行业监管效率和透明度的核心手段。通过构建先进的数字化信息平台和管理体系，可以集中管理和分析煤电环保产业的关键数据，包括能量流、废物交换等，从而实现数据的存储、搜索和深入分析。这种集中化的数据管理不仅优化了区域管理流程，提高了决策效率，还促进了企业间的信息交流和技术共享，能够为企业提供强有力的技术支撑和环境咨询服务。这有助于打破自然资源短缺对火电燃煤发展的限制，推动行业向可持续的模式转型。

进一步地，加强国控和省控污染物在线监控平台的建设至关重要。利用这些平台能够实时监控煤电行业的污染物排放情况，确保排放达标。通过建立一个预警和警告的联动机制，监管机构可以快速响应潜在的环境风险，及时采取措施，有效降低大气污染物的排放强度。这不仅有助于改善区域环境空气质量，也是对煤电企业持续进行环境绩效评估的重要工具。

此外，信息化手段的应用能够使监管机构实时监控企业的排放情况，通过自动化的数据分析和报告系统，监管人员可以迅速识别违规行为，并采取相应的执法措施。这种实时监控和快速响应机制，大幅提高了监管的透明度和公正性，同时降低了企业的合规成本。为了进一步提升信息化建设的效果，监管机构应投资于新技术的研发和应用，如大数据分析、人工智能和物联网技术，这些技术可以提高数据处理的速度和准确性，为监管决策提供更加科学的依据。同时，监管机构还应加强与其他政府部门、科研机构和国际组织的合作，实现信息共享和最佳实践，共同提升煤电行业的环境监管水平。

总之，信息化建设是加强煤电行业监管的重要途径，通过提高数据管理的效率、加强污染物排放的监控和响应能力，以及利用先进技术提升监管决策的质量，可以有效地推动煤电行业朝更加清洁、高效和可持续的方向发展。

7.2.3　加强行业环保违规执法力度

确保煤电行业环境法规得到有效遵守，关键在于加强执法力度。为此，监管机构必须打造一套完善的执法程序，构建起一支反应迅速、执行力强的专业执法团队。这套执法体系需要确保能够定期对所有煤电企业进行合规性检查，同时也要有能力开展突击检查，以验证企业运营是否真正达到了环保法规的标准。

面对违规行为，监管机构应毫不手软依法施以重罚，包括但不限于高额的经济罚款、强制设备停产、勒令企业进行整改等措施。这样的处罚不仅能够对违规企业产生足够的威慑力，也能够向整个行业传递出遵守环保法规的严肃态度。

此外，对于情节严重或影响广泛的环境违法行为，监管机构应公之于众，通过媒体和公共平台进行曝光，以提升社会对这些环境问题的关注度，并借助公众的力量形成强大的舆论监督压力。这种公开透明的处理方式，能够促进社会对环境正义的共同追求。在必要时，监管机构还应通过司法途径，对违法企业进行法律追责，包括提起公诉或要求民事赔偿，确保违法企业为其不当行为承担相应的法律责任。这不仅能够强化环境法规的权威性，也能够提高整个社会对环境法规重要性的认识。

通过这些综合措施，监管机构能够确保煤电行业的环境监管执法力度得到实质性加强，有效遏制环境违法行为，推动煤电企业朝更加绿色、环保的方向发展，为实现行业的可持续发展和环境保护目标作出积极贡献。

7.2.4　提升透明度和公众参与度

提升监管透明度和公众参与度对加强煤电行业的环境监管至关重要。首先，监管机构必须采取积极措施，确保环境监管的各个方面对公众完全开放。这包括但不限于企业的排放数据、违规记录、处罚结果以及监管决策的依据和过程。通过政府网站、公开出版物和媒体发布会等形式，让公众能够轻松获取这些信息。

监管机构在制定或修订环保政策和标准时，应主动举行公开听证会，邀请各界代表参与讨论。这种开放的决策过程不仅能够吸纳来自不同社会群体的意见，还能够提高政策的质量和公众的满意度。同时，监管机构应通过问卷调查、民意测验等手段，收集公众对环境问题的看法和建议，确保政策制定更加贴近民意。

监管机构需要建立和维护与社区居民的沟通渠道，如定期召开社区会议、意见箱、在线论坛等，以便及时收集和回应居民关于环境问题的关注和诉求。这种互动有助于建立社区与监管机构之间的信任关系，并促进居民对环保工作的支持和参与。

此外，监管机构应建立一个用户友好的环境问题举报系统，简化举报流程，确保公众能够方便地通过电话、邮件、移动应用等多种方式进行举报，并增添公众举报热线和接待窗口，做到及时接待来访，及时处理，鼓励群众揭发检举各种破坏生态环境的行为。对于举报人的信息，监管机构必须严格保密，避免其遭到任何形式的报复。同时，对于有效的举报，监管机构应给予适当的奖励和认可，以激励更多的公众参与到环境保护的监督中来。

总之，加强煤电行业监管和执法力度是一项长期而艰巨的任务，需要持续地努力和创新。通过制度化建设、信息化水平提升和群众参与监管的有机结合，可以不断提升监管效能，推动煤电行业朝更加绿色、环保的方向发展，为实现经济社会的可持续发展作出积极贡献。

7.3 提高煤电行业人员ESG意识与技能水平

煤电行业的传统人才结构以技术操作和工程管理为主，普遍缺乏ESG方面的专业人才。这导致企业在面对绿色转型和低碳发展需求时，缺少具有相关经验与能力的管理者和技术人员。同时，现有的人才引进机制也较为滞后，难以吸引具备可持续发展理念的优秀人才。此外，大部分煤电企业在国家政策要求下正艰难转型，面临着业绩不佳的困境，而行业境遇和发展前景直接影响人才队伍的稳定和后续培养，年轻人大多不愿意进入煤电行业，导致年龄结构断层严重，技术人员青黄不接，威胁煤电行业的发展。还存在管理机制僵化和激励不足的问题，这使得人才难以在企业内部得到充分发展。在多重困境之下，煤电行业亟须转变人才结构，引进新生代技术人才，健全人才引进和管理机制。提升煤电行业 ESG 意识与技能水平框架如图 7.3 所示。

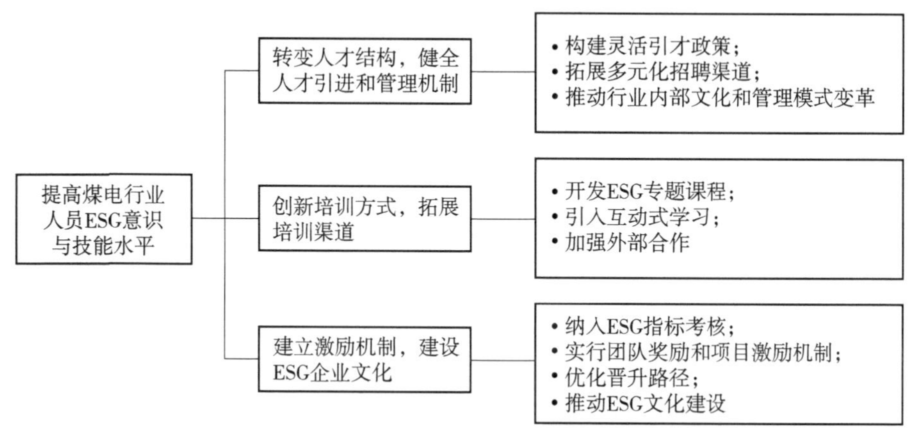

图 7.3　提升煤电行业 ESG 意识与技能水平框架

7.3.1　转变人才结构，健全人才引进和管理机制

首先，健全煤电行业的人才引进机制，吸引多元化人才，需要构建灵活的人才引进政策。目前，煤电行业的人才引进政策较为僵化，难以适应市场和技术的快速变化。因此，企业应制定差异化的招聘政策，针对高端技术人才、管理人才和跨界人才采取定向招聘、猎头招聘或项目合作引进等多样化策略。同时，企业可以根据发展需求设立开放性岗位，如“绿色科技专家”或“数字化转型项目经理”，吸引环境科学、信息技术等领域的多元化人才，为企业注入新的活力。还需要引进具有 ESG 背景的管理者和技术专家，以增强企业在环境保护和社会责任方面的综合能力。具体措施可以包括设立专项人才引进计划，灵活调整薪酬待遇，吸引具有绿色科技和可持续发展经验的国内外人才。

其次，拓展多元化的招聘渠道也是吸引优秀人才的关键。当前煤电行业的招聘渠道较为单一，难以覆盖不同背景的人才群体。因此，企业应在传统招聘平台之外，积极拓展社交媒体、专业论坛以及校企合作等渠道，以吸引更多年轻人才。例如，通过 LinkedIn、行业峰会和校园招聘等方式，展示企业的创新成就和发展前景。同时，与高校建立长期合作，通过实习计划、联合研发等方式提前接触并储备优秀人才。此外，建立人才储备库也是一项重要措施，可以通过合作高校和行业组织定期更新储备库，确保企业在需要时能够迅速获取所需人才。

最后，推动行业内部文化和管理模式变革，以增强对多元化人才的吸引力。煤电行业传统的企业文化和管理模式往往过于强调资历和技术，可能对新加入的跨界人才产生排斥。为此，企业应致力于建立包容、创新、协作的企业文化，营造开放的工作氛围，鼓励不同背景的员工进行跨界交流与合作。此外，管理模式也应向扁平化、灵活化方向转变，减少层级管理，增加项目制管理和自主决策权，给予多元化人才更多的自主空间，激发他们的创造力和创新潜力。通过这些措施，煤电行业能够有效吸引和留住多元化人才，推动企业的可持续发展。同时，建立绩效定期评估机制，将 ESG 工作作为考核的重要指标之一，确保在环保和社会责任方面表现突出的员工能够得到认可和激励。

7.3.2 创新培训方式，拓展培训渠道

为了提升煤电行业人员的 ESG 意识和技能水平，创新培训方式与拓展培训渠道显得尤为重要。当前煤电行业的培训内容多集中于技术层面，缺乏对 ESG 方面的系统教育，导致员工的环保意识薄弱，培训形式单一也难以激发员工学习兴趣。因此，企业应开发专门的 ESG 专题课程，将绿色能源、环境保护、社会责任等内容融入培训体系，并结合行业案例，帮助员工理解和实践 ESG 理念。此外，企业可以引入在线培训平台、虚拟现实模拟等互动式学习方式，使培训更加生动有趣，例如通过 VR 技术模拟环保场景，帮助员工直观体验低碳操作的实际效果。通过提供自主学习资源库，员工可以根据个人需求，自主学习 ESG 相关知识，并在实际工作中予以应用，提升学习

效果。

除此之外，拓展培训渠道，增强外部合作也是提升 ESG 技能水平的关键。企业应加强与高校、研究机构的合作，借助外部专家资源，开展联合培训和研讨活动，分享前沿的 ESG 知识和实践经验。企业可以利用行业协会和组织的培训资源，积极参与行业峰会、技术交流会等活动，了解最新的环保技术和政策动态，并将其应用于企业实际。通过跨企业的培训合作，企业能够与其他能源公司、环保机构分享资源，互相学习，共同提升 ESG 技能水平，促进行业内知识交流，形成良好的学习氛围。

7.3.3　建立激励机制，建设 ESG 企业文化

为了提升煤电行业人员的 ESG 意识和技能水平，建立有效的激励机制至关重要。首先，将 ESG 指标纳入绩效考核体系。通过将碳排放减少、资源节约等 ESG 目标融入考核标准，并设立明确的奖惩机制，能够有效激发员工在工作过程中关注和实践 ESG 理念。对于在 ESG 方面表现突出的员工，企业可以给予物质奖励，如奖金和升职机会，而对于未能达标的员工则实施适当的惩罚措施，从而推动全体员工积极参与 ESG 工作。

实行团队奖励和项目激励机制也是有效手段，能够增强员工的协作意识和整体工作积极性。ESG 工作通常需要跨部门的团队合作，仅靠个人激励难以调动全员的积极性。通过设立团队奖励，如集体奖金、团队旅游等，企业可以增强团队成员的凝聚力。此外，对于成功实施的 ESG 项目，设立专项奖励基金来奖励项目负责人和团队成员，有助于推动创新型环保项目的研发和实践，激励员工积极参与到 ESG 相关的工作中。

在调整员工年龄结构和激励年轻人才加入煤电行业方面，重点在于优化晋升路径和提供多元化职业机会。为年轻员工制定清晰的职业发展规划，包括明确的晋升路径、专业技能培训和职业转型机会。企业可以通过内部培养计划、导师制度等方式，帮助年轻员工快速成长并获得领导岗位。此外，企业还应关注员工的个性化需求，提供灵活的职业发展选择，满足不同类型员工的成长期望。行业内部可以在传统技术岗位之外，开拓更多的与绿色能源、智能化管理、数字化转型等新兴领域相关的职业机会，吸引对新技术和可持

续发展有兴趣的年轻人。例如，设立“绿色能源创新团队”或“低碳技术研发中心”等，为年轻人才提供更多的创新和创业空间。

同时，推动ESG企业文化建设也是提升员工意识的重要手段。煤电行业传统上更加注重生产效益，缺乏对ESG的系统性关注。为此，企业应将可持续发展理念融入企业文化，通过宣传教育、内部交流和主题活动等方式，增强员工对ESG理念的认同感和责任感。例如，定期举办“绿色发展月”或“环保先锋”评选活动，表彰在ESG方面表现突出的员工，并予以宣传，激励更多员工参与ESG工作。此外，设立“ESG优秀员工”荣誉称号，并颁发荣誉证书或奖杯，能够通过精神激励的方式提升员工的参与度和责任感。

综合而言，通过构建完善的引才、育才、用才机制，煤电行业将能够逐步摆脱当前的困境，吸引并培养具备ESG意识和专业技能的多元化人才。同时，借助创新的培训方式和健全的激励机制，行业内员工将能够在绿色转型的过程中不断提升自身能力，主动参与到低碳发展的实践中。最终，煤电行业将在实现企业转型和可持续发展的过程中，建立起更具竞争力的人才队伍，为行业的未来发展奠定坚实基础。

参考文献

包放，2023. 燃煤电厂碳排放核算技术体系研究与应用 [J]. 能源与节能，（9）：94-97.

陈安会，杨志伟，王兴华，2023.“双碳”目标下燃煤热电行业减污降碳发展路径分析——以山东省为例 [J]. 煤炭经济研究，43（6）：52-57.

邓建华，2019. 火电厂氮氧化物减排及 SCR 烟气脱硝技术研究 [J]. 机电信息，（20）：76-77.

杜杰，陈蔚，黄敏，等，2021. 火电企业碳排放成本核算及有效性研究 [J]. 现代工业经济和信息化，11（3）：125-126.

杜忠明，周天睿，2022. 我国能源电力行业减污降碳协同增效的思路探析 [J]. 环境保护，50（10）：21-23.

范翼麟，王志超，王一坤，等，2021. 碳税交易下的典型生物质混烧技术经济分析 [J]. 洁净煤技术，27（4）：111-116.

高廷源，陈巍，2004. 燃煤电厂废水回收利用技术研究 [J]. 四川电力技术，（3）：7-9，14.

韩文锋，于宏壮，2010. 液氨铁路运费及运力分析 [J]. 中国外资（20）：161.

韩中合，王营营，周权，等，2015. 燃煤电厂与醇胺法碳捕集系统耦合方案的改进及经济性分析 [J]. 煤炭学报，40：222-229.

何发明，曾庆，吴剑，2020，等 . 天然气裂解制氢与水电解制氢合成氨工艺特性比较 [J]. 化肥设计，58（2）：5-9.

侯梦雨，吕永祥，杨舒同，等，2022. 碳交易市场运行与煤电行业碳减排效应研究 [J]. 华北金融（11）：42-51.

胡大龙，余耀宏，于胜利，等，2023. 燃煤电厂脱硫废水处理技术现状与发展 [J]. 工业水处理，43（2）：43-52.

霍俊羽，2024. 电厂脱硫废水回用及零排放技术研究进展 [J]. 现代化工，44（9）：64-68，74.

霍怡廷，张海军，吴珍，等，2023. 鄂尔多斯煤电企业减污降碳协同增效的路径探索 [J]. 当代化工研究，(24)：191-193.

贾璐宇，王艳华，王克，等，2020. 大气污染防治措施二氧化碳协同减排效果评估 [J]. 环境保护科学，46(6)：19-26，43.

靳慧祎，胡嘉祥，2024. “双碳”目标下转型金融支持电力行业转型路径分析 [J]. 现代商贸工业，(18)：1-4.

蓝海燕，李瑢，刘会燕，2024. 新质生产力背景下湖南煤电产业高质量发展路径探析 [J]. 企业科技与发展，(5)：1-4.

李可心，杨儒浦，李丽平，等，2024. 燃煤电厂减污降碳协同增效综合评价体系构建及实证研究 [J]. 环境科学研究，37(7)：1483-1491.

李少华，刘冰，彭红文，等，2021. 燃煤机组耦合生物质直燃发电技术研究 [J]. 电力勘测设计，(6)：26-31，36.

李小璐，霍中和，2022. 国有资本在重点排放行业减污降碳路径与措施经验 [J]. 节能与环保，(2)：45-47.

梁宇琼，2023. 基于绿色发展理念的化工企业环境绩效评价体系的构建与应用研究 [J]. 现代盐化工，50(4)：99-101，118.

刘飞，关键，祁志福，等，2022. 燃煤电厂碳捕集、利用与封存技术路线选择 [J]. 华中科技大学学报(自然科学版)，50(7)：1-13.

刘凯辉，2024. 火电厂湿法脱硫系统超低排放改造应用 [J]. 中国环保产业，(8)：49-53.

刘伟雄，范鑫帝，兰叶，等，2024. 火电厂脱硫废水“零排放”预处理工艺探究 [J]. 中国环保产业，(3)：65-68.

刘骏，袁鑫，陈衡，等，2023. 大规模火电 CCUS 应用的经济性评估及提升研究 [J]. 动力工程学报，43(10)：1316-1325.

刘子勋，张勇杰，高亭亭，等，2023. “双碳”目标下火电机组灵活性改造技术分析 [J]. 电站辅机，44(3)：40-45.

龙建平，2021. “碳中和”目标下火电机组远方碳排放监测系统设计与应用 [J]. 广西电力，44(2)：10-13，41.

骆飞，路鹏程，2024. 燃煤电厂脱硫废水处理及资源化利用技术研究 [J]. 清洗世界，40（7）：7-9.

马汀山，王妍，吕凯，等，2022.“双碳”目标下火电机组耦合储能的灵活性改造技术研究进展 [J]. 中国电机工程学报，42（S1）：136-148.

牛红伟，郜时旺，刘练波，等，2014. 燃煤烟气全流程 CCUS 系统的技术经济分析 [J]. 中国电力，47（8）：144-149.

牛耀岚，胡伟，朱辉，等，2019. 燃煤电厂脱硫废水处理方法及零排放技术进展 [J]. 长江大学学报（自然科学版），16（10）：72-78.

潘尔生，田雪沁，徐彤，等，2020. 火电灵活性改造的现状、关键问题与发展前景 [J]. 电力建设，41（9）：58-68.

潘栋，2024. 粉煤灰综合利用现状及发展趋势 [J]. 四川水泥，（8）：1-3，7.

邱正霖，张小辉，赵顿，等，2023. 火电厂氮氧化物生成机理及排放控制技术分析 [J]. 沈阳工程学院学报（自然科学版），19（1）：23-29.

生态环境部环境规划院 . 中国二氧化碳捕集利用与封存（CCUS）年度报告（2021）- 中国 CCUS 路径研究 .

石伟，2009. 火力发电厂废水处理原理及应用 [J]. 广东建材，25（7）：350-353.

宋晖，曹顺安，范圣平，等，2004. 火电厂水力冲灰系统防垢技术研究现状与发展趋势 [J]. 华北电力技术，（9）：50-54.

宋铜铜，2021. 燃煤电厂碳排放强度核算及影响因素研究 [D]. 保定：华北电力大学 .

谭厚章，周上坤，杨文俊，等，2023. 氨燃料经济性分析及煤氨混燃研究进展 [J]. 中国电机工程学报，43（1）：181-191.

王霂晗，朱林，张晶杰，等，2020. 欧盟火电厂二氧化碳排放在线监测系统质量保证体系对中国的启示 [J]. 中国电力，53（3）：154-158，176.

王俊岭 . 碳排放统计核算体系加速完善 [N]. 人民日报，2022-08-22（3）.

王丽娟，张剑，王雪松，等，2022，中国电力行业二氧化碳排放达峰路径研究 [J]. 环境科学研究，35（2）：329-338.

王立健，何青，2018. 燃煤碳捕集机组技术经济性分析 [J]. 热力发电，47（8）：1-7.

王双明，刘浪，朱梦博，等，2024.“双碳”目标下煤炭绿色低碳发展新思路 [J].

煤炭学报,(1):152-171.
王斯一,白梓函,吕连宏,等,2021.基于政策工具的中国生物质发电补贴政策评估[J].环境工程技术学报,11(6):1241-1249.
王一坤,邓磊,贾兆鹏,等,2022.燃煤机组直接耦合生物质发电技术经济性分析[J].广东电力,35(7):32-40.
王一坤,徐晓光,王栩,等,2022.燃煤机组多源耦合发电技术及应用现状[J].热力发电,51(1):60-68.
武燕强,2024.火电厂废水处理的超滤与反渗透组合方法研究[J].山西化工,44(7):254-256.
吴松,刘雨杭,2024.火电厂粉煤灰与脱硫石膏资源化利用现状[J].科技创新与应用,14(14):153-159.
向梦宇,王深,吕连宏,等,2023.基于不同电力需求的中国减污降碳协同增效路径[J].环境科学,44(7):3637-3648.
邢晓雯,黄琳,胡建林.江苏省电力行业不同低碳发展路径的二氧化碳与大气污染物协同减排效益分析[J].环境科学,1-19[2024-09-20]
徐顺智,赵瑞彤,王孝全,等,2023.燃煤发电行业低碳化发展路径分析[J].洁净煤技术,29(12):83-94.
杨阳,胡大龙,黄倩,等,2020.火电厂废水排放控制政策法规与技术路线综述[J].中国电力,53(8):131-138.
杨延龙,2017.火电厂氮氧化物减排及SCR烟气脱硝技术浅析[J].能源环境保护,31(2):31-35,39.
伊维经济研究院,2019.中国氢气存储与运输产业发展研究报告(2019)[R].中国:伊维经济研究院.
尤良洲,韩倩倩,晋银佳,等,2018.火电企业水资源综合利用及污染防治技术路线探讨[J].中国电力,51(10):134-138.
于琳娜.完善发电行业碳排放数据核算体系[N].中国电力报,2022-04-15(2).
于伟静,杨鹏威,王放放,等,2023."双碳"战略背景下中国煤电技术发展与挑战[J].煤炭学报,48(7):2641-2656.
曾瑞新,胡松伯,倪忠晓,等,2023.燃煤电厂碳排放典型计算及分析[J].化工设计通讯，49（3）：167-169.

张山山，王仁雷，晋银佳，等，2019. 燃煤电厂脱硫废水零排放处理技术研究应用及进展 [J]. 华电技术，41（12）：25-30.

张新苗，蒋博，2024. 大宗固废综合利用的途径 [J]. 陕西煤炭，43（6）：101-105，132.

张芮琳，王智化，陈晨霖，等，2023. 氨煤掺混燃烧减碳方案经济性分析 [J]. 燃烧科学与技术，29（6）：667-675.

赵淑媛，刘骏，袁鑫，等，2023."双碳"背景下火电机组 CCUS 应用的成本及收益分析 [J]. 河北电力技术，42（6）：88-94.

赵英博，2018. 华北地区煤电环保监管政策研究 [D]. 哈尔滨：哈尔滨工程大学.

甄敬怡 . 我国将加快建立统一规范的碳排放统计核算体系 [N]. 中国经济导报，2022-08-23（1）.

中华人民共和国生态环境部 . 企业温室气体排放核算方法与报告指南　发电设施（2022 年修订版）[A].2022-03-16.

周天睿，2022. 我国能源电力行业减污降碳协同增效的思路探析 [J]. 环境保护，50（10）：21-23.

朱法华，2022，徐静馨，潘超 . 电力行业减污降碳发展状况及目标展望 [J]. 环境保护，50（10）：15-20.

朱法华，王玉山，徐振，等，2021. 中国电力行业碳达峰、碳中和的发展路径研究 [J]. 电力科技与环保，37（3）：9-16.

朱思瑜，于冰，2024. 长三角减污降碳政策的协同效应和作用机制研究 [J]. 环境科学研究，37（2）：256-265.

朱振兴，2023. 燃煤电厂碳排放的核算方法对比分析 [J]. 中国资源综合利用，41（4）：165-167.

Abeysekera A P，Fernando C S，2020. Corporate social responsibility versus corporate shareholder responsibility：A family firm perspective. Journal of Corporate Finance，61，101370.

Aerts W，Cormier D，2009. Media legitimacy and corporate environmental communication. Accounting，Organizations and Society，34（1）：1–27.

Alsayegh M F, Abdul Rahman R, Homayoun S, 2020. Corporate economic, environmental, and social sustainability performance transformation through ESG disclosure. Sustainability, 12(9): Article 9.

Arayssi M, Jizi M, Tabaja H, 2019. The impact of board composition on the level of ESG disclosures in GCC countries. Sustainability Accounting, Management and Policy Journal, ahead-of-print.

Arvidsson S, Dumay J, 2022. Corporate ESG reporting quantity, quality and performance: Where to now for environmental policy and practice? Business Strategy and the Environment, 31(3): 1091–1110.

Atan R, Alam M M, Said J, et al., 2018. The impacts of environmental, social, and governance factors on firm performance: Panel study of malaysian companies. Management of Environmental Quality: An International Journal, 29(2): 182–194.

Baldini M, Maso L D, Liberatore G, et al., 2018. Role of country- and firm-level determinants in environmental, social, and governance disclosure. Journal of Business Ethics, 150(1): 79–98.

Becchetti L, Ciciretti R, Hasan I, 2015. Corporate social responsibility, stakeholder risk, and idiosyncratic volatility. Journal of Corporate Finance, 35: 297–309.

Borghesi R, Houston J F, Naranjo A, 2014. Corporate socially responsible investments: CEO altruism, reputation, and shareholder interests. Journal of Corporate Finance, 26: 164–181.

Borowiec J, Papież M, Śmiech S, 2024. The impact of environmental regulations on carbon emissions in countries with different levels of emissions. Environmental Science and Pollution Research, 31(59): 66759–66779.

Boubakri N, Guedhami O, Kwok C C Y, et al., 2019. Is privatization a socially responsible reform? Journal of Corporate Finance, 56: 129–151.

Brammer S J, Pavelin S, 2006. Corporate reputation and social performance: The importance of fit. Journal of Management Studies, 43(3): 435–455.

Brogi M, Lagasio V, 2019. Environmental, social, and governance and company profitability: Are financial intermediaries different? Corporate Social Responsibility and Environmental Management, 26(3): 576–587.

Brooks C, Oikonomou I, 2018. The effects of environmental, social and governance disclosures and performance on firm value: A review of the literature in accounting and finance. The British Accounting Review, 50(1): 1–15.

Cai X, Lu Y, Wu M, et al., 2016. Does environmental regulation drive away inbound foreign direct investment? Evidence from a quasi-natural experiment in China. Journal of Development Economics, 123: 73–85.

Clarkson P M, Li Y, Richardson G D, et al., 2008. Revisiting the relation between environmental performance and environmental disclosure: An empirical analysis. Accounting, Organizations and Society, 33(4–5): 303–327.

Cronqvist H, Yu F, 2017. Shaped by their daughters: Executives, female socialization, and corporate social responsibility. Journal of Financial Economics, 126(3): 543–562.

Dyck A, Lins K V, Roth L, et al., 2019. Do institutional investors drive corporate social responsibility? International evidence. Journal of Financial Economics, 131(3): 693–714.

Ehresman T G, Okereke C, 2015. Environmental justice and conceptions of the green economy. International Environmental Agreements: Politics, Law and Economics, 15(1): 13–27.

El Ghoul S, Guedhami O, Wang H, et al., 2016. Family control and corporate social responsibility. Journal of Banking & Finance, 73: 131–146.

Garcia A S, Mendes-Da-Silva W, Orsato R J, 2017. Sensitive industries produce better ESG performance: Evidence from emerging markets. Journal of Cleaner Production, 150: 135–147.

Gillan S L, Koch A, Starks L T, 2021. Firms and social responsibility: A review of ESG and CSR research in corporate finance. Journal of Corporate Finance, 66: 101889.

Giudice A D, Rigamonti S, 2020. Does audit improve the quality of ESG scores?

Evidence from corporate misconduct. Sustainability, 12(14): 1–16.

Goulder L H, Long X, Qu C, et al. (n.d.). China's nationwide CO_2 emissions trading system: A general equilibrium assessment.

Gu A, Teng F, Feng X, 2018. Effects of pollution control measures on carbon emission reduction in China: Evidence from the 11th and 12th five-year plans. Climate Policy.

Hart S L, Ahuja G, 1996. Does It Pay to Be Green? An Empirical Examination of the Relationship Between Emission Reduction and Firm Performance. Business Strategy and the Environment, 5(1): 30–37.

He B, Chen H, Li Z, Zhou X, 2023. Information and communication technology and innovation performance of firms: Evidence from chinese listed state-owned enterprises. International Review of Economics & Finance, 88: 47–59.

Hoepner J K, Salo M, Weich H, et al., 2019. Replication of a dynamic coaching program for college students with acquired brain injury. Clinical Archives of Communication Disorders, 4(2): 98–112.

Husted B W, Sousa-Filho J M de, 2019. Board structure and environmental, social, and governance disclosure in latin america. Journal of Business Research, 102: 220–227.

Fan J L, Wei S, Yang L, et al., 2019. Comparison of the LCOE between coal-fired power plants with CCS and main low-carbon generation technologies[J]. Energy, 176: 143-155.

Islam M A, Deegan C, 2010. Media pressures and corporate disclosure of social responsibility performance information: A study of two global clothing and sports retail companies. Accounting and Business Research.

Jiang H D, Liu L J, Deng H M, 2022. Co-benefit comparison of carbon tax, sulfur tax and nitrogen tax: The case of China. Sustainable Production and Consumption, 29: 239–248.

Krewski D, Jerrett M, Burnett R T, et al., 2009. Extended follow-up and spatial analysis of the American Cancer Society study linking particulate air pollution and mortality. Research Report, 140: 5–114; discussion 115-136.

Lee J H, Cho J H, Kim B J, 2022. ESG performance of multinational companies and stock price crash: Evidence from korea. Journal of Economic Integration, 37(3): 523–539.

Leiter M P, Laschinger H K S, Day A, et al., 2011. The impact of civility interventions on employee social behavior, distress, and attitudes. Journal of Applied Psychology, 96(6): 1258–1274.

Li P, Lin Z, Du H, et al., 2021. Do environmental taxes reduce air pollution? Evidence from fossil-fuel power plants in China. Journal of Environmental Management, 295: 113112.

Li R,, Tang B, Shen M, et al., 2023. Low-carbon development pathways for provincial-level thermal power plants in China by mid-century.Journal of Environmental Management, 342.

Liang H, Renneboog L, 2017. On the foundations of corporate social responsibility. The Journal of Finance, 72(2): 853–910.

Lin L, Puchniak D W, 2021. Institutional investors in China: Corporate governance and policy channeling in the market within the state (SSRN Scholarly Paper No. 3858348). Social Science Research Network.

Marakova V, Wolak-Tuzimek A, Tuckova Z, 2021. Corporate Social Responsibility As a Source of Competitive Advantage in Large Enterprises. Journal of Competitiveness, 13(1): 113–128.

OECD., 2024. Ownership and governance of state-owned enterprises 2024. OECD.

Qureshi M A, Akbar M, Akbar A, et al., 2021. Do ESG endeavors assist firms in achieving superior financial performance? A case of 100 best corporate citizens. SAGE Open.

Rajesh R, Rajendran C, 2020. "Relating Environmental, Social, and Governance Scores and Sustainability Performances of Firms: An empirical Analysis", Business Strategy and the Environment, 29(3): 1247-1267.

Sassen R, Hinze A K, Hardeck I, 2016. Impact of ESG factors on firm risk in

Europe. Journal of Business Economics, 86（8）: 867–904.

Schiller C, 2018. Global supply-chain networks and corporate social responsibility（SSRN Scholarly Paper No. 3089311）. Social Science Research Network.

Scholtens B, Dam L, 2007. Banking on the equator. Are banks that adopted the equator principles different from non-adopters? World Development, 35（8）: 1307–1328.

Seltzer L H, Starks L, Zhu Q, 2022. Climate regulatory risk and corporate bonds（Working Paper No. 29994）. National Bureau of Economic Research.

Shi J, Chen J, Wan Z, Zhou S, et al., 2025. The impact of low-sulfur marine fuel policy on air pollution in global coastal cities. Sustainable Horizons, 14: 100130.

Sun Q, Tong W, Tong J, 2002. How does government ownership affect firm performance? Evidence from China's privatization experience. Journal of Business Finance & Accounting, 29: 1–27.

Tornatzky L G, Fleischer M, Chakrabarti A K, 1990. The processes of technological innovation. Lexington Books.

Tsang A, Frost T, Cao H, 2023. Environmental, social, and governance（ESG）disclosure: A literature review. The British Accounting Review, 55（1）: 101149.

Valera-medina A, Amer-hatem F, Azad A K, et al., 2021, Review on ammonia as a potential fuel: from synthesis to economics[J]. Energy & Fuels, 35（9）: 6964-7029.

Wang Q, Liu M, Zhang B, 2022. Do state-owned enterprises really have better environmental performance in China? Environmental regulation and corporate environmental strategies. Resources, Conservation and Recycling, 185, 106500.

Wang Y, Byers E, Parkinson S, et al, 2019. Vulnerability of existing and planned coal-fired power plants in developing asia to changes in climate and water resources. Energy & Environmental Science, 12（10）: 3164–3181.

Wang W, Zheng L, Lyu J, et al., 2019. An overview of the development history and technical progress of China's coal-fired power industry[J]. Frontiers in Energy, 13(3).

Wong W C, Batten J A, Ahmad A H, et al., 2021. Does ESG certification add firm value? Finance Research Letters, 39, 101593.

Xie J, Nozawa W, Yagi M, et al., 2019. Do environmental, social, and governance activities improve corporate financial performance? Business Strategy and the Environment, 28(2), 286–300.

Xu H, Fu Y, Li Y, et al., 2024. Environmental information disclosure and green transformation: Evidence from chinese manufacturing enterprises. Heliyon, 10(19): e38402.

Yang Y, Zhang Y, Zhang Y, et al, 2024. Environmental taxes promote the synergy between pollution and carbon reduction: Provincial evidence from China. Journal of Environmental Management, 372: 123378.

Yu E P, Luu B V, 2021. International variations in ESG disclosure–do cross-listed companies care more? International Review of Financial Analysis, 75(C).

Yuan Y, Tian G, Lu L Y, et al., 2019. CEO ability and corporate social responsibility. Journal of Business Ethics, 157(2): 391–411.

Zerbib O D, 2019. The effect of pro-environmental preferences on bond prices: Evidence from green bonds. Journal of Banking & Finance, 98: 39–60.

Zhang K, Hao X, 2024. Corporate social responsibility as the pathway towards sustainability: A state-of-the-art review in Asia economics. Discover Sustainability, 5(1): 348.

Zhang Q, Ma Y, 2021. The impact of environmental management on firm economic performance: The mediating effect of green innovation and the moderating effect of environmental leadership. Journal of Cleaner Production, 292: 126057.

Zhou K, Yang S, Shen C, et al., 2015. Energy conservation and emission reduction of China's electric power industry. Renewable and Sustainable

Energy Reviews, 45: 10–19.

Zhu J, Wu S, Xu J, 2023. Synergy between pollution control and carbon reduction: China's evidence. Energy Economics, 119: 106541.

Zhu X, Li H, Chen J, et al., 2019. Pollution control efficiency of China's iron and steel industry: Evidence from different manufacturing processes. Journal of Cleaner Production, 240: 118184.

Zubair S, Rahman S U, Sheikh S M, et al., 2024. A review of green innovation and environmental performance in BRICS nations. Pakistan Journal of Humanities and Social Sciences, 12(1): Article 1.